Haubenmeise → S. 28

Sumpfm

Kohlmeise → S. 53

Tannenmeise → S. 26

Blaumeise → S. 27

Schwanzmeise → S. 52

Feldlerche → S. 35

Mehlschwalbe → S. 38

Rauchschwalbe → S. 37

Bachstelze → S. 39

Kernbeißer → S. 65

Mauersegler → S. 36

Goldammer → S. 66

Seidenschwanz → S. 40

Bergfink → S. 59

Fortsetzung auf hinterer Umschlagklappe

GARTENVÖGEL LEBENSGROSS

DIE HÄUFIGSTEN ARTEN GANZ NAH

KOSMOS

Willkommen

INHALT

GARTENVÖGEL, LEBENSGROSS

„Der Vogel ist ja viel kleiner, als ich dachte!" – Wie oft schon schoss mir dieser Gedanke durch den Kopf. Eine Vogelart, die ich bisher nur aus dem Vogelbuch oder aus weiter Entfernung kannte, taucht unvermittelt ganz nah vor mir auf – mitunter so nah, dass ich sie ohne Fernglas beobachten kann. Mein inneres Bild dieser Art weicht deutlich von der Realität ab. Wie kann das sein?

Beim Blättern durch Bestimmungsbücher fällt auf, dass alle Vogelarten mehr oder weniger in der gleichen Größe abgebildet sind. In unserer Vorstellung prägen wir uns dann häufig allein das Aussehen der Vögel ein, ohne dieses in Relation zur Größenangabe zu setzen. Von der genauen Größe haben wir daher oft nur eine vage Idee. So stellen wir uns viele Vogelarten größer vor, als sie in Wirklichkeit sind – oder umgekehrt.

„Das Wintergoldhähnchen ist ja wirklich so winzig!" – Mit dem vorliegenden Buch schließe ich diese Lücke.

Ein reich strukturierter Garten mit alten Obstbäumen und heimischen Sträuchern lockt viele Vögel an.

Ab Seite 18 werden die Vögel hier in Originalgröße abgebildet und einzeln porträtiert. Meine Intention ist es, Ihnen einen möglichst originalgetreuen Eindruck unserer heimischen Vogelwelt zu vermitteln: „Ja! Genau so habe ich mir den Vogel vorgestellt."

Der leuchtend gelbe Schnabel und der Lidring ums Auge kennzeichnen das Amselmännchen.

Drei Arten zum Größenvergleich

Eine Amsel scharrt auf dem Rasen nach Würmern, Spatzen picken die verbliebenen Krümel von der Terrasse und eine Blaumeise turnt auf der Suche nach Insekten durch den Apfelbaum. Diese drei Vogelarten kennen auch Einsteiger schnell, denn sie sind allgegenwärtig und ganzjährig in unseren Gärten zu beobachten. Unbekannte Vögel können wir daher schnell anhand ihrer Größe einer dieser drei Arten zuordnen.

Auf den folgenden Seiten werden 68 Gartenvögel Mitteleuropas nach drei Größenkategorien sortiert vorgestellt: 10 Arten sind so groß wie eine Blaumeise oder kleiner, 33 Arten haben in etwa die Größe eines Spatzes und 25 Arten sind so groß wie eine Amsel oder größer. Die Ordnung innerhalb der Kategorien erfolgt nach Größe und Verwandtschaft.Die meisten Vogelarten sind vollständig abgebildet. Von den größeren Arten ist lediglich ein Ausschnitt zu sehen. Ein kleines Bild des kompletten Vogels ergänzt diese Porträts.

Blaumeisen und Feldspatzen sind ganzjährig im Garten anzutreffen, häufig auch zusammen.

Bestimmen mit den Vogelporträts

Ausgewählt wurden Arten, die regelmäßig in Gärten oder unserer unmittelbaren Umgebung vorkommen können. Der Aufbau der Einzel- oder Doppelseiten mit den Artenporträts ab Seite 20 in diesem Buch ist folgendermaßen: Oben sehen Sie den deutschen und den wissenschaftlichen Artnamen, eine Kurzaussage zur jeweiligen Art, das Symbol der KOSMOS-PLUS-App und die Größenangabe. Die Größenangabe bezieht sich auf die Länge von der Schnabelspitze bis zur Schwanzspitze.

Der Textteil enthält Wissenswertes über Lebensweise, Verhalten, Ernährung oder andere interessante

Einzelheiten. Die Fotos bilden bei unterschiedlichem Aussehen der Geschlechter immer die Männchen ab. Die wesentlichen Merkmale sind direkt am Foto zu finden. Ein zusätzliches Bild zeigt zum Beispiel ein Weibchen oder den Vogel im Flug.

Im Gartentipp geht es um praktische Hilfen, Beobachtungshinweise, Fütterungs- oder Nisthilfevorlieben. Ganz unten auf jeder Seite finden Sie Fakten zum Alter, zur Stimme, zur Anwesenheit in Mitteleuropa sowie zum Zugverhalten. Bei der Altersangabe handelt es sich um die maximal nachgewiesene Lebensdauer eines frei lebenden Vogels. Die durchschnittliche Lebenserwartung liegt meistens viel niedriger. Es folgen Informationen zum Brutgeschehen.

Gartenvögel

In diesem Buch werden alle Vogelarten unter diesem Begriff zusammengefasst, die wir mehr oder weniger regelmäßig rings um unser Zuhause antreffen können.

Gartentipp mit Beobachtungshinweisen oder Infos, was Sie für diese Vogelart im Garten tun können

Das große Foto zeigt meist ein Männchen im Prachtkleid mit seinen wesentlichen Merkmalen.

EIN GARTEN FÜR VÖGEL

Ausreichend Nahrung, Wasser und Deckung: Je abwechslungsreicher die Gartengestaltung ist, desto mehr Vögel finden sich ein. Heimische Büsche und Bäume bieten Deckung und locken viele Insekten an, die Nahrungsgrundlage von Zilpzalp, Hausrotschwanz und Klappergrasmücke. Deren Früchte und Samen sind eine weitere beliebte Nahrungsquelle für zahlreiche Arten. Körnerfresser freuen sich über samentragende Pflanzen: Sonnenblumen und Disteln ziehen Stieglitze, Grünfinken und Bluthänflinge magisch an. Zum Trinken und Baden gibt es eine kleine Wasserstelle.

Ein naturnah gestalteter Garten bietet ausreichend Nahrung und Nistmöglichkeiten.

Vogelbeeren schmecken vielen nahrungssuchenden Vögeln.

Ein Haufen aus Reisig, Zweigen und vermoderndem Holz dient als Unterschlupf. Hier bauen Zaunkönige oder Rotkehlchen ihr Nest. In dichten Hecken und Bäumen finden viele Vögel geeignete Nistmöglichkeiten. Dort wo natürliche Höhlen in Gärten fehlen, können wir den höhlenbrütenden Arten wie Blaumeise, Kohlmeise und Haussperling mit Nistkästen helfen. Für Mauersegler, Schwalben oder Turmfalken gibt es ebenfalls spezielle Nisthilfen im Handel.

Futterplätze und Wasserstellen

Vögel werden von Futterstellen angelockt und lassen sich dort leicht beobachten. So ist für jeden etwas dabei: Körnermischungen, Fettfutter, Nüsse und Obst, teils am Boden, teils

Kohlmeisen sind häufige Besucher am Futterhäuschen.

geschützt im Futterhaus ausgestreut oder hängend im Baum. Silos und Futterspender sind besonders hygienisch und machen wenig Arbeit. Frisches, hochwertiges und trockenes Futter beugt Krankheiten vor. Freie Sicht in alle Richtungen gewährleistet, dass die Vögel Feinde rechtzeitig sehen und in die nächste Hecke flüchten können. Ein Gartenteich oder Vogeltränken dienen zum Trinken und Baden. Wichtig ist sauberes Wasser, das regelmäßig gewechselt wird.

Vögel beobachten im Garten

Geschützt hinter dem Fenster oder ruhig auf einer Bank sitzend: Gartenvögel zeigen oft wenig Scheu. Ein Garten oder Balkon ist daher bestens geeignet, um mit der Vogelbeobachtung zu beginnen.

Hilfreich ist ein Fernglas. Damit können wir viel mehr Details erkennen und das natürliche Verhalten bei Futtersuche, Nestbau oder Jungenaufzucht studieren ohne zu stören. Anhand dieses Buches werden Sie schnell lernen, die häufigsten Arten zu bestimmen. Manche Vögel verbergen sich im Gebüsch und sind hinter den Blättern schwer zu finden. Sie verraten sich durch ihren Gesang.

Einmal anders – katzensichere Vogeltränke

RUFE UND GESÄNGE

Ob gut versteckt oder von hoher Warte – mit ihrem Gesang grenzen Männchen das eigene Revier gegen Artgenossen ab und locken Weibchen an. Mittels verschiedener Rufe halten Vögel untereinander Kontakt oder warnen vor Feinden.

Sowohl die Rufe als auch der Gesang sind artspezifisch. Wer die Lautäußerungen der Vögel kennt, kann weit mehr Arten wahrnehmen und bestimmen. Die Melodie des Wintergoldhähnchens fällt auf, lange bevor wir es in den hohen Baumkronen erblicken, und die aus dichtem Gebüsch zwitschernde Heckenbraunelle verrät so ihr Versteck. Zwillingsarten wie Zilpzalp und Fitis, die sich zum Verwechseln ähnlich sehen, können anhand ihrer Stimmen einfach auseinander gehalten werden.

Früh aufstehen lohnt sich, denn die nacheinander einsetzenden Gesänge der Vögel lassen sich morgens am leichtesten erlernen. Tonaufnahmen helfen beim Einprägen der Stimmen – oder Sie besuchen Vogelstimmenexkursionen, die vielerorts im Frühjahr angeboten werden.

Mit der KOSMOS-PLUS-App können Sie beispielsweise den Gesängen der Vögel aus diesem Buch lauschen.

Die Vogeluhr

„Der frühe Vogel fängt den Wurm." – Tatsächlich gehören die Weichfutterfresser mit ihren großen Augen, wie Rotkehlchen und Amsel, zu den ersten Sängern. Ab 4:00 Uhr beginnen sie zu singen und nach Würmern zu suchen. Diese befinden sich so früh am Morgen noch nahe der taufeuchten Oberfläche. Wenig später folgen die Insektenfresser: Zaunkönig, Mönchsgrasmücke, Kohlmeise und Zilpzalp. Sie haben größere Augen als Körnerfresser und erbeuten bereits im diffusen Licht kleine Fluginsekten und Spinnen. Zuletzt erklingen Arten wie Buchfink, Haussperling und Grünfink. Mit ihren kleineren Augen brauchen diese Körnerfresser besseres Licht, um sich zurechtzufinden.

Ausnahmen bestätigen die Regel. Den Auftakt des Vogelkonzerts bildet der Hausrotschwanz, ein Insektenfresser.

Schon gewusst?

Generell gilt: Je größer die Augen eines Vogels im Verhältnis zum Körper sind, desto weniger Licht braucht er und desto früher beginnt er mit Nahrungssuche und Gesang.

Der Gesangsbeginn hängt von der Umgebungshelligkeit und somit vom Zeitpunkt des Sonnenaufgangs ab. Dieser variiert je nach geografischer Lage und Jahreszeit. Die hier aufgeführten Zeitangaben sind grobe Richtwerte und gelten für Mitteldeutschland, Mitte Mai bei klarem Himmel.

MANCHE ZIEHEN SÜDWÄRTS

Eben noch erschallten ihre typischen „Srrieh"-Rufe über dem Garten, dann herrscht plötzlich Stille. Von einem Tag auf den anderen ist der Himmel wie leer gefegt. Mauersegler sind Zugvögel. So wie viele europäische Vögel verbringen sie den Winter in südlicheren Breitengraden, weil das Nahrungsangebot im Brutgebiet nicht ausreicht.

Langstreckenzieher wie die Mauersegler legen dabei sehr weite Strecken zurück. Ihre Überwinterungsgebiete liegen südlich der Sahara.

Kurzstreckenzieher ziehen etappenweise bis zu 2000 km, je nach Witterungslage, in nahrungsreichere Gebiete.

Typischer Standvogel: Der Kleiber ist ganzjährig in Wäldern, Parks und großen Gärten unterwegs.

Mauersegler sind Langstreckenzieher und verbringen nur den Sommer bei uns.

Mittelstreckenzieher wandern ebenfalls in Etappen. Sie legen bis zu 6000 km zurück.

Standvögel verbleiben ganzjährig im Brutgebiet. Vor allem Körnerfresser finden bei uns auch im Winter genügend Nahrung.

Zu den Zugzeiten im Frühling und Herbst oder im Winter können wir mit außergewöhnlichen Gästen wie der Rotdrossel oder dem Seidenschwanz rechnen. Ein vielseitig gestalteter Garten mit großem Nahrungsangebot lädt die Wanderer ein, hier zu rasten und sich zu stärken.

Die farbenfrohen Seidenschwänze erscheinen in manchen Jahren als Wintergäste bei uns.

GARTENVÖGEL IM PORTRÄT

DIE PATEN: AMSEL, SPATZ UND BLAUMEISE

Mit diesen häufigen und allgegenwärtigen Vögeln sind Sie schnell vertraut. Als Vergleichsarten sind sie daher bestens geeignet. Unbekannte Vögel können anhand ihrer Größe schnell der entsprechenden Größenkategorie zugeordnet werden. Jede Größenkategorie hat ihre eigene Kennfarbe. Innerhalb der Größenkategorien erfolgt die Einteilung sowohl nach Größe als auch nach Verwandtschaft. Alle Vögel sind in Originalgröße abgebildet. Abschließend finden Sie Angaben zu Alter, Gesang, Anwesenheit und Brutgeschehen. Los geht's!

Vögel, etwa so groß
wie eine Amsel oder größer

Seite 68 – 119

Vögel, etwa so groß wie
ein Spatz

Seite 32 – 67

Vögel, etwa so
groß wie eine
Blaumeise
oder kleiner

Seite 20 – 31

VÖGEL, ETWA SO GROSS WIE EINE BLAUMEISE ODER KLEINER

Winzig, mit blauem Käppchen, weißen Wangen und leuchtend gelbem Bauch – eine Blaumeise turnt geschickt durchs Geäst oder pickt kopfüber am Meisenknödel. Klein und fein, trifft neben der Blaumeise noch auf neun weitere Vogelarten in unseren Gärten zu. Lernen Sie hier unsere kleinsten gefiederten Mitbewohner kennen.

WINTERGOLDHÄHNCHEN

Kleinster der Kleinen

Regulus regulus 001
8,5 bis 9,5 cm

Das Wintergoldhähnchen ist meistens in den Baumkronen unterwegs und ständig in Bewegung. Rastlos hüpft es von Ast zu Ast, hangelt sich kopfüber durchs Geäst oder rüttelt zwischen den Zweigen. Der kleinste Vogel Europas wiegt nur 4 bis 8 g. Um seine Körperfunktionen aufrechtzuerhalten, nimmt der Winzling täglich einen Großteil des eigenen Körpergewichts an Nahrung auf. Da gilt es, jede Spinne, jedes Insekt aufzuspüren und zu verspeisen. Sein Verwandter, das Sommergoldhähnchen, ist nur unwesentlich größer und schmückt sich mit weißen Überaugenstreifen als Markenzeichen.

Gartentipp

Wintergoldhähnchen halten sich bevorzugt in Gärten mit Nadelbäumen auf. Im Winter erscheinen sie regelmäßig an Futterstellen, um Talgstückchen oder Sämereien zu picken.

Weibchen (oben) haben einen gelben Scheitel, Männchen (rechts) einen gelb-organgefarbenen.

ALTER: bis zu 5 Jahre • **STIMME:** Gesang fein, sehr hoch, rhythmisch, mit Triller endend; Ruf fein und scharf „srie" • **BEI UNS:** ganzjährig • **ZUG:** Standvogel – Kurzstreckenzieher • **BRUTZEIT:** März–Aug.; 2 Bruten im Jahr • **NEST:** in Fichten; frei hängende, offene Kugel aus Moos • **EIER:** 5–13; gelbbraun oder rahmfarben, hellbraun gefleckt

ZAUNKÖNIG

Lautstark und stimmgewaltig

Troglodytes troglodytes **002**
9 bis 10,5 cm

Gartentipp

Dichtes Fassadengrün aus Efeu und Wildem Wein oder ein Totholzhaufen, achtlos in einer wilden Gartenecke aufgetürmt, dienen dem Zaunkönig als Brutplatz und Versteck.

Laut und schmetternd erschallt sein Gesang – der Zaunkönig macht durch Stimmgewalt wett, was ihm an Größe fehlt. Sein Lebensraum sind Wälder, Feldgehölze, Parks und Gärten mit reichlich Unterbewuchs. Dort lebt er in Bodennähe und huscht auf der Suche nach Insekten oder Spinnen unauffällig wie eine Maus durch das Gestrüpp. Der Schwanz ist kurz und häufig gestelzt. Bei Erregung wippt und zuckt der Federball mit dem ganzen Körper. Das Männchen baut mehrere Backofennester, geschlossene Kugeln mit seitlicher Eingangsröhre, und bietet sie dem Weibchen zur Auswahl an. Dieses darf entscheiden und übernimmt den Innenausbau.

Gut versteckt hat der Zaunkönig sein Nest in dichtem Efeu gebaut.

ALTER: bis zu 7 Jahre • **STIMME:** Gesang laut und schmetternd; Ruf hart „zrrrt" und „teck-teck-teck" • **BEI UNS:** ganzjährig • **ZUG:** Standvogel – Kurzstreckenzieher • **BRUTZEIT:** Apr.–Aug.; 2 Bruten im Jahr • **NEST:** in Bodennähe unter Holz oder in dichten Sträuchern; Backofennest • **EIER:** 5–7; weiß, braun gefleckt

FITIS

Graugrün mit hellen Beinen

Phylloscopus trochilus
11 bis 12,5 cm 003

Im Frühjahr können wir ihn besonders oft hören. Neben unseren heimischen Brutvögeln singen dann auch die Durchzügler, die auf dem Weg in ihre nördlichen Brutgebiete Rast in Mitteleuropa machen. Die dortigen Busch- und Waldlandschaften sind das Hauptverbreitungsgebiet des Fitis. Bei uns ist die Zwillingsart des Zilpzalps ebenfalls häufig. Äußerlich unterscheiden sich die beiden kaum. Der Fitis hat helle Beine und etwas längere Flügel, die den Langstreckenzieher verraten. Er überwintert südlich der Sahara. Letzte Zweifel verschwinden beim Lauschen seiner Stimme.

Gartentipp

Achten Sie auf die wehmütig klingende Melodie des Fitis. Häufig singt er frei sitzend von einer Baumspitze aus und ist dann leicht zu entdecken.

ALTER: bis zu 11 Jahre • **STIMME:** Gesang schwermütig und melodisch flötend, abfallend; Ruf zweisilbig „hü-itt“ • **BEI UNS:** Apr.–Sep. • **ZUG:** Langstreckenzieher • **BRUTZEIT:** Mai–Aug.; 1 Brut im Jahr • **NEST:** am Boden in der Vegetation; Backofennest aus Laub, Gras und Moos • **EIER:** 4–7; weiß bis rahmfarben, rotbraun gefleckt

ZILPZALP

Singt den eigenen Namen

Phylloscopus collybita 004
10 bis 12 cm

Gartentipp
Kugelförmig mit seitlichem Eingang – das sogenannte „Backofennest" wird vom Weibchen gebaut, gut versteckt und bodennah im dichten Bewuchs.

Sobald er den Schnabel öffnet, kennen wir seinen Namen. Deutlich und einprägsam erschallt ab März sein „zilp-zalp ... zilp-zalp" oder leicht abgewandelt „zilp-zilp-zalp" aus Parks und Gärten, Baumgruppen sowie lichten Waldgebieten bis zur Baumgrenze. Der Zilpzalp gehört zu unseren häufigsten Brutvögeln. Im Frühling können wir ihn regelmäßig durch die Zweige der Weiden hüpfen sehen. Dann ziehen die Blütenkätzchen unzählige Insekten an, die hier Nektar und Pollen sammeln. Eine ergiebige Nahrungsquelle für den Insektenfresser, der daher auch Weidenlaubsänger genannt wird.

ALTER: bis zu 7 Jahre • **STIMME:** Gesang laut und wiederholt „zilp-zalp"; Ruf einsilbig „hüit" • **BEI UNS:** März–Sept. • **ZUG:** Kurzstreckenzieher – Mittelstreckenzieher • **BRUTZEIT:** Apr.–Aug.; 1–2 Bruten im Jahr • **NEST:** in Bodennähe in der Krautschicht; Backofennest aus Halmen, Blättern und Gras • **EIER:** 4–7; weiß, dunkelbraun gefleckt

TANNENMEISE

Unscheinbar und oft übersehen

Periparus ater
10 bis 11,5 cm

005

Gartentipp

Achten Sie im Vergleich zur Kohlmeise auf den länglichen weißen Nackenfleck und die fehlenden Gelbtöne im Gefieder der Tannenmeise, wenn sie im Winter am Futterplatz erscheint.

Die Tannenmeise verrät ihre Anwesenheit gewöhnlich durch ihren hellen, stereotypen Gesang, denn sie hält sich überwiegend in den Wipfeln der Nadelbäume auf und ist für unsere Augen dort oben gut verborgen. Ständig in Bewegung hüpft und fliegt sie von Ast zu Ast, um Insekten und Spinnen zu erbeuten oder Samen zu sammeln. Mit ihren langen Zehen ist unsere kleinste Meise in der Lage, sich an Nadelbüschel oder Zapfen zu hängen und dabei Nahrung aufzunehmen. Im Winter streifen Tannenmeisen oftmals gemeinsam mit anderen Meisen, Kleibern, Baumläufern und Goldhähnchen umher.

ALTER: bis zu 9 Jahre • **STIMME:** Gesang fein und monoton „zewizewi …"; Ruf fein und hoch „psit" und gedehnt „tüih" • **BEI UNS:** ganzjährig • **ZUG:** Standvogel – Kurzstreckenzieher • **BRUTZEIT:** März–Aug.; 1–2 Bruten im Jahr • **NEST:** in Höhlen, Erdlöchern, Spalten und Nistkästen; Nest aus Moos, Flechten, Wolle • **EIER:** 6–10; weiß, rotbraun gefleckt

BLAUMEISE

Turnt kopfüber durchs Geäst

Cyanistes caeruleus 006
10,5 bis 12 cm

Die junge Blaumeise wird bald ihre ersten Flugversuche wagen.

Die Blaumeise ist federleicht. Sie wiegt nur 9 bis 12 g – ein Vorteil bei der Nahrungssuche. Geschickt turnt sie bis in die äußersten, dünnen Zweigspitzen durch Büsche und Bäume, häufig kopfüber oder an einem Bein hangelnd. Auf der Speisekarte stehen Insekten, Spinnen und Sämereien. Mit ihrem kräftigen Allesfresser-Schnabel ist sie sowohl in der Lage, Sonnenblumenkerne aufzubeißen als auch die in Knospen, Gallen, eingerollten Blättern oder Totholz verborgenen Larven herauszuhacken. Im Winter versorgt sie sich auf diese Weise mit Insekten, die in Schilfhalmen verborgen sind.

Gartentipp

Blaumeisen sind Stammgäste im Garten und auf dem Balkon. Hängen Sie Nistkästen mit einem Einflugloch von 26 bis 27 mm Durchmesser auf – so bleiben größere Arten außen vor.

ALTER: bis zu 14 Jahre • **STIMME:** Gesang aus hohen Tönen gefolgt von heller und trillernder Lautreihe; Ruf „zi-zi“, „siht“ und zeternd „terr-err-err“ • **BEI UNS:** ganzjährig • **ZUG:** Standvogel – Kurzstreckenzieher • **BRUTZEIT:** März–Aug.; 1 Brut im Jahr • **NEST:** in Baumhöhlen, Spalten und Nistkästen; Nest aus Moos • **EIER:** 6–15; weiß, rotbraun gefleckt

Fettfutter ist beliebt: Meisenknödel ziehen auch Haubenmeisen an.

HAUBENMEISE

Mit auffälliger Federhaube

Lophophanes cristatus 007
10,5 bis 12 cm

Die Haubenmeise lebt in reich strukturierten Nadelwäldern sowie in Mischwäldern, Parks oder größeren Gärten mit Koniferen verschiedenen Alters und Totholz. Sie brütet bevorzugt in Baumhöhlen, die das Weibchen in morsches Holz hackt. Nistkästen oder Spechthöhlen sind im Allgemeinen nur zweite Wahl. Bei der Balz richtet das Männchen seine Haube auf, präsentiert den schwarzen Kehllatz und vibriert mit den Flügeln, woraufhin das Weibchen beschwichtigend den Schnabel senkt. Haubenmeisen sind eher scheu und verschwinden schnell in der Deckung, wenn sie sich gestört fühlen.

Gartentipp

In gemischten Meisentrupps besuchen Haubenmeisen im Winter bisweilen Futterstellen. Dort fressen sie bevorzugt Fettfutter oder suchen Samen, um Vorräte anzulegen.

ALTER: bis zu 11 Jahre • **STIMME:** Gesang schnelle Folge trillernder und schnurrender Laute; Ruf „zi-zi-gürr“ • **BEI UNS:** ganzjährig • **ZUG:** Standvogel • **BRUTZEIT:** März–Juli; 1 Brut im Jahr • **NEST:** in Baumhöhlen und Nistkästen; Nest aus Moos, Wolle und Spinnengespinsten, gepolstert mit Daunen und Federn • **EIER:** 5–8; weiß, rotbraun gefleckt

SUMPFMEISE

Glänzend schwarze Kopfkappe

Poecile palustris 008
11,5 bis 13 cm

Gartentipp

Sumpfmeisen können Sie im Garten am ehesten im Winter entdecken, wenn die Meisen am Futterplatz Samen auflesen, um damit Vorräte in Baumritzen oder Mauerspalten anzulegen.

Ihr Name verweist auf die Vorliebe für sumpfige oder feuchte Laub- und Mischwälder mit hohem Totholzanteil. Zudem können wir die Sumpfmeise in Parks und Gärten mit alten Bäumen und dichtem Unterholz antreffen. Sie ist sehr standorttreu und entfernt sich auch im Winter kaum von ihrem Brutrevier. Sumpfmeisen brüten in Astlöchern oder anderen Höhlen in morschem Holz, die das Weibchen bei Bedarf durch Hacken mit dem Schnabel erweitert. Es brütet allein und wird dabei vom Männchen gefüttert. Sie führen eine monogame Dauerehe und sind auch außerhalb der Brutzeit meistens paarweise unterwegs.

ALTER: bis zu 11 Jahre • **STIMME:** Gesang monotone und klappernde Tonreihe „djep-djep-djep" oder „tsie-tsie-tsie"; Ruf spitz „pitschä" • **BEI UNS:** ganzjährig • **ZUG:** Standvogel • **BRUTZEIT:** Apr.–Juli; 1 Brut im Jahr • **NEST:** in Baumhöhlen und Nistkästen; Nest aus Moos, gepolstert mit Wolle und Haaren • **EIER:** 6–10; weiß, rotbraun gefleckt

ERLENZEISIG

Häufig in schwätzenden Schwärmen

Spinus spinus 009
11 bis 12,5 cm

Gartentipp
Im Winterhalbjahr können wir regelmäßig kleine Trupps Erlenzeisige beobachten, die geschickt und bisweilen kopfüberhängend an Meisenknödeln turnen, um die Körner herauszupicken.

Sowohl zur Brutzeit als auch im Winterhalbjahr sind Erlenzeisige sehr gesellig und meistens in Schwärmen unterwegs. Die Wahl des Brutplatzes richtet sich nach dem aktuellen Nahrungsangebot der Fichtensamen, der Hauptnahrungsquelle zur Jungenaufzucht. Ihr kräftiger spitzer Schnabel ist hervorragend geeignet, um die feinen Samen aus den Zapfen herauszulösen. Im Winter ersetzen Erlenzapfen die Sommernahrung. Dann erklingt regelmäßig das muntere Schwätzen der kleinen Finken, die bei der Nahrungssuche flink und behände durch das Geäst der Erlen turnen.

Das Weibchen ist blasser gefärbt. Im Unterschied zum Girlitz hat es eine deutlich gelbe Flügelbinde.

ALTER: bis zu 13 Jahre • **STIMME:** Gesang lang anhaltend, schwätzend und trillernd mit Imitationen; Ruf melancholisch „düih, dliü“ • **BEI UNS:** ganzjährig • **ZUG:** Mittelstreckenzieher • **BRUTZEIT:** Febr.–Aug.; 2 Bruten im Jahr • **NEST:** in Bäumen, bevorzugt in Fichten; Napfnest aus Reisig, Halmen und Moos • **EIER:** 3–5; weißlich-grün, braun gefleckt

Gartentipp
Girlitze singen von höchster Warte oder im gaukelnden Singflug ihren ungewöhnlich schnellen Gesang, der an klirrendes Glas oder einen quietschenden Kinderwagen erinnert.

GIRLITZ

Singt rasend schnell

Serinus serinus 010
11 bis 12 cm

Im Frühling und Sommer zeigt der Girlitz sein leuchtend gelbes Prachtkleid.

Der Girlitz stammt aus dem Mittelmeerraum und breitete sich im Verlauf des 19. und 20. Jahrhunderts bei uns aus. Wärmebegünstigte und strukturreiche Lebensräume nahe unserer Ortschaften sind sein Zuhause. Er äußert eine Reihe von Rufen, die mitunter auch in Gesangspausen eingeschoben werden. Sein Stimmfühlungslaut hat ihm zu seinem Namen verholfen. Aufgrund des sirrenden und rasend schnell vorgetragenen Gesanges wird er auch Glasschneider genannt. Wir können ihn regelmäßig an der Wasserstelle beim Baden und Trinken oder bei der Nahrungssuche an Samenständen beobachten.

ALTER: bis zu 7 Jahre • **STIMME:** Gesang sehr schnell sirrend; Ruf ansteigend quietschend „tü-it", klingelnd „zirrr" und „zirrirrilit" • **BEI UNS:** März–Okt. • **ZUG:** Kurzstreckenzieher • **BRUTZEIT:** Apr.–Aug.; 2 Bruten im Jahr • **NEST:** meistens in Nadelbäumen; Napfnest aus Reisig und Halmen, frei hängende, offene Kugel • **EIER:** 3–5; bläulich grün, braun gefleckt

VÖGEL, ETWA SO GROSS WIE EIN SPATZ

Vorwitzig hüpft er auf der Suche nach den Resten unseres Picknicks zwischen unseren Füßen oder auf den Tisch und fliegt auch schon mal ins offene Auto. Den Haussperling, auch Hausspatz oder Spatz genannt, kennt jeder von uns. Ungefähr so groß wie ein Spatz ist etwa die Hälfte aller in diesem Buch vorgestellten Vogelarten.

WENDEHALS

Schlangenimitator

Jynx torquilla 011
16 bis 17 cm

Wendehals in Abwehrhaltung

Der Wendehals zählt zu den Spechten und sucht seine Nahrung bevorzugt am Boden. Im Gegensatz zu seinen Verwandten kann er nur auf waagerechten oder leicht schrägen Ästen landen und durch die Bäume klettern. Sein Lebensraum sind lichte Wälder und abwechslungsreiche Kulturlandschaften wie Streuobstwiesen, Gärten oder Parks. Bei Störungen in der Bruthöhle sträubt er sein Kopfgefieder, zieht Körper und Hals in die Länge, reckt den Schnabel empor und wendet den Hals ausgestreckt nach allen Seiten. Dabei erklingt ein fauchendes und platzendes Zischen. Seine Feinde ergreifen vor der „Schlange“ die Flucht.

Gartentipp

Die Hauptnahrungsquelle des Wendehalses sind Ameisenhaufen. Mit seiner langen, klebrigen Zunge fängt er Larven, Puppen und Ameisen oder Fluginsekten, die ihm zu nahe kommen.

ALTER: bis zu 10 Jahre • **STIMME:** Rufreihe aus 8–15 Silben, leicht ansteigend, laut quäkend und klagend: „gjä-gjä-gjä-gjä …“ • **BEI UNS:** März–Sept. • **ZUG:** Langstreckenzieher • **BRUTZEIT:** Mai–Aug.; 1–2 Bruten im Jahr • **NEST:** in vorhandenen Baumhöhlen, Nistkästen und morschen Pfählen • **EIER:** 7–10; weiß

FELDLERCHE

Freudengesang am Himmel

Alauda arvensis **012**
16 bis 18 cm

Flügelschlagend „hängt“ das singende Männchen in der Luft.

Hoch am Himmel „steht“ ein Vogel und tiriliert minutenlang, scheinbar ohne Luft zu holen. Die Feldlerche integriert den Gesang in ihren Atemrhythmus, so kann sie pausenlos flöten. Für den Singflug steigt das Männchen spiralförmig nach oben, fliegt mit gefächertem Schwanz auf der Stelle und trägt seine Melodie vor. Dann lässt es sich wie ein Stein wieder zur Erde herabfallen. Der Bodengesang klingt leiser. Bei der Bodenbalz tänzelt und hüpft das Männchen vor dem Weibchen herum. Feldlerchen bewohnen offene Landschaften. Im Winter können wir bisweilen größere Trupps auf Brachflächen entdecken.

Gartentipp

„Sie singt wie eine Lerche“ – Feldlerchen gelten mit ihrem Gesang voller Schwung, Ausdauer und Harmonie als Metapher der Heiterkeit und Lebensfreude.

ALTER: bis zu 10 Jahre • **STIMME:** Gesang rollend, flötend und trillernd; Rufe trocken rollend „trrli“ • **BEI UNS:** Febr.–Okt. • **ZUG:** Kurzstreckenzieher • **BRUTZEIT:** Apr.–Aug.; 2–3 Bruten im Jahr • **NEST:** am Boden; flache Mulde, gepolstert mit Grashalmen und feinen Pflanzenmaterialien • **EIER:** 3–5; weißlich, braun gefleckt

MAUERSEGLER

Ein Leben im Flug

Apus apus
17 bis 18,5 cm

013

Gartentipp

Bieten Sie Mauerseglern spezielle Nistkästen an einer geschützten Stelle Ihres Hauses in mindestens 6 bis 7 m Höhe und mit freier An- und Abflugmöglichkeit an.

Mauersegler prägen unseren Sommerhimmel. In der freien Landschaft, über Dörfern und Städten ertönen die charakteristischen Rufe während ihrer Jagd nach Insekten und winzigen schwebenden Organismen, dem Luftplankton. Mit ihren sichelförmigen Flügeln sind sie perfekt an das Leben in der Luft angepasst. Nur das Brutgeschäft findet an Land statt. Fliegend schlafen sie und trinken von Wasseroberflächen. Sogar die Paarung findet häufig in luftiger Höhe statt. Flügge Jungvögel verlassen ihr Zuhause in Abwesenheit der Eltern. Sie sind sofort autark und können sich selbstständig versorgen.

Im Unterschied zu Rauch- und Mehlschwalben sind Mauersegler einfarbig dunkel.

ALTER: bis zu 21 Jahre • **STIMME:** Ruf schrill und durchdringend, gereiht „srrieh“ • **BEI UNS:** Mai–Sept. • **ZUG:** Langstreckenzieher • **BRUTZEIT:** Mai–Sept.; 1 Brut im Jahr • **NEST:** in Spalten und Nischen an Gebäuden, in Baumhöhlen und Nistkästen, selten in Felswänden; flache Schale aus leichten Materialien, die mit Speichel verklebt werden • **EIER:** 2–3; weiß

Gartentipp

Ein bewölkter Sommertag ist ideal, um Rauchschwalben bei ihrer Jagd nach Insekten zu beobachten. Achten Sie auf den tief gegabelten Schwanz im Unterschied zur Mehlschwalbe.

RAUCHSCHWALBE

Gewandter Insektenjäger

Hirundo rustica 014
17 bis 21 cm

„Wo die Schwalbe nistet, da kein Unglück fristet" – Schwalben gelten seit jeher als Frühlingsboten und Glücksbringer. Sind die Schwalben da, beginnt die warme Jahreszeit! Die ursprünglichen Felsbrüter bauen schon seit Jahrhunderten ihre Nester in der Nähe menschlicher Siedlungen, im Inneren von Ställen und anderen Gebäuden, unter niedrigen Brücken und Torbögen sowie einst in den Rauchfängen über dem Herdfeuer – so entstand ihr Name. Früher kursierte die Legende, sie würden im Schlamm vergraben überwintern. Tatsächlich verbringen Rauchschwalben die Wintermonate im südlichen Afrika.

Das dunkle Brustband und der tief gegabelte Schwanz sind typische Merkmale.

ALTER: bis zu 16 Jahre • **STIMME:** Gesang schnell, melodisch zwitschernd, teilweise mit Triller endend; Ruf „witt" • **BEI UNS:** Apr.–Okt. • **ZUG:** Langstreckenzieher • **BRUTZEIT:** Apr.–Sept.; 1–3 Bruten im Jahr • **NEST:** in Felshöhlen und im Inneren von Gebäuden; Lehmnest aus Erdklumpen, Speichel und Halmen • **EIER:** 4–6; weiß, braun gefleckt

Gartentipp

Viele Flächen sind mittlerweile asphaltiert, Lehm als Baumaterial für die Nester fehlt vielerorts. Mit der Anlage einer schlammigen Pfütze können wir Mehlschwalben helfen.

MEHLSCHWALBE

Koloniebrüter an Außenwänden

Delichon urbicum 015
13,5 bis 15 cm

Mehlschwalben ernähren sich von Fluginsekten und Luftplankton: winzige Organismen, die im Luftraum schweben. Bei trockenem und warmem Wetter jagen sie hoch am Himmel. Bei Nässe und Kälte sind sie dagegen dicht über dem Boden oder über Wasserflächen unterwegs. Längere Schlechtwetterperioden mit mangelndem Nahrungsangebot überdauern die Vögel dank des Torpors – einer Kältestarre mit reduzierter Körpertemperatur und Atemfrequenz. Die Nester werden häufig in Tuchfühlung zum Nachbarn gebaut. Anders als Rauschwalben sind Mehlschwalben bis in unsere Innenstädte verbreitet.

Bei der Mehlschwalbe ist der Schwanz nur leicht gegabelt (vgl. S. 37 u.).

ALTER: bis zu 14 Jahre • **STIMME:** Gesang heiter schwätzend; Ruf trocken „prritt" • **BEI UNS:** Apr.–Okt. • **ZUG:** Langstreckenzieher • **BRUTZEIT:** Mai–Sept.; 1–2 Bruten im Jahr • **NEST:** an Felswänden und Außenwänden von Gebäuden; Lehmnest aus Ton-, Lehm- oder Schlammklümpchen mit Speichel vermischt • **EIER:** 2–6; weiß

BACHSTELZE

Trippelschritte und Wellenflug

Motacilla alba 016
15,6 bis 19 cm

Gartentipp
Gebäudenischen, alte Schwalbennester, lose Holzhaufen, abgestellte Traktoren oder auch Halbhöhlenkästen – Bachstelzen sind bei der Wahl des Brutplatzes erfinderisch.

Die Bachstelze hält sich gerne in Gewässernähe auf. Mit kleinen, trippelnden Schritten und ruckartigen Kopfbewegungen läuft sie auf der Jagd nach Fliegen, Mücken oder Libellen am Ufer entlang. Dabei wippt sie fast ständig mit dem Schwanz. Ihr Flug ist langsam und wellenförmig. Die zutraulichen Vögel sind leicht zu beobachten und nähern sich oftmals bis auf wenige Meter. Fernab von Wasserflächen können wir sie häufig auf Viehweiden und kurzrasigen Flächen in der offenen Landschaft oder in Dörfern und Städten finden. Ihre Winterquartiere liegen im Mittelmeergebiet und in Nordafrika.

Bei der jungen Bachstelze ist das Federkleid noch recht blass und weniger ausgeprägt gefärbt.

ALTER: bis zu 12 Jahre • **STIMME:** Gesang gleichförmig zwitschernd; Ruf „zi-lipp“ und „zi-se-lipp“ • **BEI UNS:** März–Nov. • **ZUG:** Kurzstreckenzieher – Mittelstreckenzieher • **BRUTZEIT:** Apr.–Aug.; 2–3 Bruten im Jahr • **NEST:** in Nischen oder Halbhöhlen; lockeres Nest aus Halmen, Reisig, Blättern und Moos • **EIER:** 5–6; hellgrau, graubraun gefleckt

SEIDENSCHWANZ

Farbenprächtiges Nordlicht

Bombicilla garrulus
18 bis 21 cm

017

Der Seidenschwanz ernährt sich ganzjährig von Beeren. Nur während der Brutzeit jagt er überwiegend Insekten. Wird im Winter die Nahrung im nordischen Brutgebiet knapp, wandern Seidenschwänze südwärts. Scharenweise erscheinen sie dann in Streuobstwiesen, Parkanlagen und Gärten. Oft nehmen wir zuerst den hellen Ruf wahr, der wie ein Glöckchen klingt und mit dem die Tiere untereinander Kontakt halten. Früher galt das invasionsartige Auftreten der Vögel als böses Omen und kündigte Kriege oder Seuchen an. Daher stammen die Namen Pestvogel und Kriegsvogel.

Gartentipp

Die Früchte der Eberesche sind die Lieblingsspeise des Seidenschwanzes. In Invasionsjahren erscheint er im Winter auch in unseren Gärten, um sie zu verspeisen.

ALTER: bis zu 13 Jahre • **STIMME:** Gesang lange Abfolge sirrender Rufe und Laute; Ruf hoch und klingelnd „sirrr“ • **BEI UNS:** Okt.–Apr. • **ZUG:** Standvogel – Kurzstreckenzieher • **BRUTZEIT:** März–Aug.; 1 Brut im Jahr • **NEST:** auf Bäumen, überwiegend in Fichten; Napfnest aus Zweigen und Flechten • **EIER:** 4–6; blaugrau, dunkel gefleckt

Gartentipp

Heckenbraunellen brüten in Gärten mit dichten Büschen und Unterwuchs. Achten Sie im Unterschied zum ähnlichen Haussperling auf den dünnen Insektenfresserschnabel.

HECKENBRAUNELLE

„Graue Maus" im Unterholz

Prunella modularis 018
13 bis 14,5 cm

Sowohl ihr Federkleid als auch ihre Lebensweise sind heimlich und unauffällig. Die Heckenbraunelle hält sich meistens im Verborgenen, in dichten Gebüschen und Hecken auf. Dort ist sie gut getarnt und hüpft in leicht geduckter Haltung durch das Unterholz am Boden, um Kleintiere wie Würmer, Schnecken und Insekten zu erbeuten oder Samen zu sammeln. Glücklicherweise verrät sich die „graue Maus" durch ihren feinen und zwitschernden Gesang. Er wird gerne von einer Buschspitze vorgetragen. Von Zeit zu Zeit erscheint sie im Winter auch am Futterplatz im Garten.

Ihr Gesang ist laut und melodisch.

ALTER: bis zu 11 Jahre • **STIMME:** Gesang kurz und laut, melodisch auf gleicher Tonhöhe zwitschernd; Ruf scharf „zie", klingelnd „dsidsidsi" • **BEI UNS:** ganzjährig • **ZUG:** Standvogel – Kurzstreckenzieher • **BRUTZEIT:** Apr.–Aug.; 2 Bruten im Jahr • **NEST:** bodennah in dichten Büschen; Napfnest aus Zweigen, Moos und Flechten • **EIER:** 3–6; türkisblau

ROTKEHLCHEN

Orangerote Brust und schwarze Knopfaugen

Erithacus rubecula **019**
12,5 bis 14 cm

Gartentipp
Mit einer Schmuddelecke aus dichtem Unterholz oder mit Holzhaufen unter Büschen locken wir Rotkehlchen in unseren Garten, die in solchen Schlupfwinkeln ihr Nest bauen.

Das Rotkehlchen gehört zu den häufigsten Brutvögeln und ist regelmäßig im Garten anzutreffen. Wenig scheu hüpft es mitunter in unmittelbarer Nähe der Menschen, um die bei der Gartenarbeit nach oben beförderten Bodentiere aufzupicken. Seine wehmütige Melodie erklingt morgens etwa 50 bis 60 Minuten vor Sonnenaufgang und in der Abenddämmerung. Auf einem Ast sitzend wirbt das Männchen so um Weibchen oder zeigt sein Revier an. Letzteres wird bisweilen handfest verteidigt, denn untereinander sind die kleinen Vögel unverträglich und aggressiv. Im Streit kann es zu Kämpfen mit Verletzten oder sogar Toten kommen.

Perfekte Tarnung: Junge Rotkehlchen sind braun geschuppt.

ALTER: bis zu 17 Jahre • **STIMME:** Gesang klar und abfallend, melancholisch perlend; Ruf scharf, oft gereiht „tick“ • **BEI UNS:** ganzjährig • **ZUG:** Standvogel – Kurzstreckenzieher • **BRUTZEIT:** Apr.–Aug.; 2 Bruten im Jahr • **NEST:** in Bodennähe unter Wurzeln und in Nischen; Napfnest aus Moos, Halmen und Stängeln • **EIER:** 5–7; gelblich, braun gefleckt

NACHTIGALL

Sängerin von Weltruhm

Luscinia megarhynchos 020
15 bis 16,5 cm

Gartentipp
Nachtigallen brüten nur in großen, naturnahen Gärten. Ihr Nest bauen sie im undurchdringlichen Gestrüpp der Krautschicht unter Büschen und Bäumen.

In Kunst und Literatur gilt die Melodie der Nachtigall als die schönste. Die lauten Gesangsduelle der Männchen erklingen vor allem nach Einbruch der Dämmerung und sind in der Stille der Nacht weithin hörbar. Sofort nach der Ankunft im Brutgebiet singen die Vögel nächtelang mit voller Inbrunst, bis sie ein Weibchen angelockt haben. Danach ertönt ihr Gesang fast nur noch tagsüber zur Revierverteidigung. Nachtigallen leben sehr heimlich in den niederen Bereichen unterholzreicher Gebüsche, Wälder und Parks, bevorzugt in Gewässernähe oder an feuchten Standorten.

ALTER: bis zu 9 Jahre • **STIMME:** Gesang laut, melodisch, mit schluchzendem Flöten „dü-düh-düüüh"; Ruf „huit" und tief knarrend „arrr" • **BEI UNS:** Apr.–Sept. • **ZUG:** Langstreckenzieher • **BRUTZEIT:** Mai–Juli; 1 Brut im Jahr • **NEST:** im Kraut unter Büschen; lockeres Napfnest aus Laub und Zweigen • **EIER:** 4–5; gelblich bis braun, fein braun gefleckt

HAUSROTSCHWANZ

Schiefergrau mit rotem Schwanz

Phoenicurus ochruros **021**
13 bis 14,5 cm

Gartentipp
Mit Halbhöhlen-Nistkästen locken wir den Hausrotschwanz in unseren Garten – beste Voraussetzungen, ihn aus nächster Nähe bei der Jungenaufzucht zu beobachten.

Rund 70 Minuten vor Sonnenaufgang startet der Hausrotschwanz in den Tag. Sein Gesang ist eine Abfolge harter, gepresst vorgetragener Laute und besteht in der Regel aus drei Abschnitten: Nach einer hellen Tonreihe folgen ein kratziges Fauchen und wiederum einige helle Töne. Hausrotschwänze sind Kulturfolger. Im Verlauf der letzten Jahrhunderte wanderten die einst reinen Felsbewohner in die Täler und eroberten unsere Siedlungen. Nischen in Gemäuern oder Balken unter Dachvorsprüngen ersetzen hier die natürlichen Brutplätze in Gesteinsspalten und -höhlen.

Das Federkleid des Weibchens ist bis auf den roten Schwanz unscheinbar graubraun.

ALTER: bis zu 10 Jahre • **STIMME:** Gesang kratzende und gepresste Abfolge heller Töne; Ruf „tk-tk-tk“ • **BEI UNS:** März–Okt. • **ZUG:** Kurzstreckenzieher – Mittelstreckenzieher • **BRUTZEIT:** Apr.–Sept.; 2 Bruten im Jahr • **NEST:** in Nischen, Halbhöhlen in Gebäuden und Felsen, auch in Nistkästen; Nest aus Halmen und Moos • **EIER:** 5–6; weiß

GARTENROTSCHWANZ

Orangerote Brust und weiße Stirn

Phoenicurus phoenicurus 022
13 bis 14,5 cm

Gartentipp
Damenwahl – mit gefächertem Schwanz klammert das Gartenrotschwanz-Männchen am Höhleneingang und präsentiert potenzielle Nistplätze. Das Weibchen hat die Wahl!

Seine melancholischen Gesänge beenden die Stille der Nacht etwa 80 Minuten vor Sonnenaufgang. In unserer Nachbarschaft erklingen sie selten. Der Gartenrotschwanz brütet bevorzugt in ausgefaulten Höhlen alter Bäume. Nur in sehr großen Gärten, auf Streuobstwiesen, in Parks oder lichten Wäldern mit Altholzbeständen können wir ihn gelegentlich finden. Dort sitzt er in typischer Rotschwanzmanier auf erhöhten Warten an Gebüschrändern und hält Ausschau nach Insekten und Spinnen, beständig knicksend und mit dem Schwanz zitternd. Die Beute wird sodann vom Boden aufgepickt, in kurzer Flugjagd erbeutet oder im Rüttelflug von Blättern abgesammelt.

Das Weibchen (im Bild links) ist deutlich heller gefärbt als das Weibchen des Hausrotschwanzes.

ALTER: bis zu 9 Jahre • **STIMME:** Gesang kurze wehmütige und schwätzende Strophen; Ruf „hüit" und „hüit-tek-tek" • **BEI UNS:** Apr.–Okt. • **ZUG:** Langstreckenzieher • **BRUTZEIT:** Apr.–Aug.; 1–2 Bruten im Jahr • **NEST:** in Nischen und Höhlen, auch in Nistkästen; Nest aus Stroh, Stängeln, Laub • **EIER:** 5–7; grünlich blau

Gartentipp

Der Gesang des Gelbspötters ist ausgesprochen laut. Bereits aus 250 bis 300 m schallt er uns entgegen. Bei Windstille sind sogar 500 m möglich.

GELBSPÖTTER

Unermüdlicher Stimmenimitator

Hippolais icterina 023
12 bis 13,5 cm

Frech zwitschernd, lebhaft flötend und mit Imitationen anderer Vogelarten ausgeschmückt; ab und an ein Quäken oder ein nasales „Hiäh", das an einen Mäusebussard erinnert – Gesang und Rufe verraten ihn. Hier sitzt ein Gelbspötter im Gebüsch versteckt, einer unserer auffälligsten und interessantesten Sänger. Spötter kommt von spotten, wie das Nachahmen von Artgenossen in der Vogelwelt genannt wird, und darin ist er Meister. Sein Federkleid in Gelbgrün tarnt ihn im Laub hervorragend. Vom ähnlichen Fitis unterscheidet er sich durch den kräftigeren Körperbau und den dickeren Schnabel.

Gelbspötter singen gut versteckt aus den oberen Bereichen von Büschen und Bäumen.

ALTER: bis zu 10 Jahre • **STIMME:** Gesang laut, hastig, abwechslungsreich und voller Imitationen; Ruf laut „tete-düi" • **BEI UNS:** Mai–Aug. • **ZUG:** Langstreckenzieher • **BRUTZEIT:** Mai–Aug.; 1 Brut im Jahr • **NEST:** in Büschen und Bäumen; Napfnest aus Halmen und Pflanzenfasern, Gras • **EIER:** 4–5; rosa, schwarz gepunktet

GARTENGRASMÜCKE

Heimlich und schlicht

Sylvia borin 024
13 bis 14 cm

Diese kleine Gartengrasmücke zieht ein Kuckuckjunges auf. 025

Gartengrasmücken sind bis zur Baumgrenze verbreitet. Ihre deutsche Bezeichnung ist irreführend, denn nur sehr große Gärten oder Parks mit dichten Hecken und ungepflegter Krautschicht kommen als Brutrevier in Frage. Meistens erscheinen sie nur auf dem Durchzug im Siedlungsbereich. Ihr Lebensraum sind Feldgehölze in der offenen Landschaft, Waldrandgebiete, Ufergebüsche und Lichtungen mit üppigem Unterbewuchs. Zur Balzzeit im Frühjahr bestehen die besten Chancen, sie zu finden. Dann singt das Männchen inmitten dichter Büsche mitunter minutenlang seine plaudernde Melodie.

Gartentipp

Im Herbst verzehren Gartengrasmücken viele Beeren, um ein Fettpolster für den Zug aufzubauen. Mit etwas Glück können wir den versteckt lebenden Vogel dabei beobachten.

ALTER: bis zu 14 Jahre • **STIMME:** Gesang gleichförmig, volltönend plätschernd und plaudernd; Ruf gereiht „wät-wät-wät" und hart „tschek-tschek" • **BEI UNS:** Mai–Sept. • **ZUG:** Langstreckenzieher • **BRUTZEIT:** Apr.–Aug.; 1–2 Bruten im Jahr • **NEST:** niedrig in Sträuchern; lockeres Napfnest aus Halmen • **EIER:** 4–6; weißlich, graubraun gefleckt

Das Weibchen hat eine rotbraune Kopfkappe.

MÖNCHSGRASMÜCKE

Mit schwarzer „Mönchskappe"

Sylvia atricapilla
13,5 bis 15 cm

026

Wie ein Mönch im Miniformat kommt das Männchen daher. Meistens huscht es gut verborgen durch die Büsche. Sein Gesang ist dagegen weithin hörbar. Er beginnt leise schwätzend und mit Imitationen anderer Vogelarten, gefolgt von einer lautstarken Flötenstrophe. Bis in Höhen von 1500 m ist die Mönchsgrasmücke in Wäldern, Feldgehölzen, Parks und Gärten nahezu flächendeckend verbreitet. Ihr Zugverhalten hat sich verändert. Statt im Mittelmeerraum überwintert mittlerweile ein Teil der Vögel auf den Britischen Inseln, vermutlich eine Folge veränderter Klimabedingungen und intensiver Winterfütterung.

Gartentipp

Mönchsgrasmücken fressen vorwiegend Insekten und Spinnen. Im Sommer und Herbst gibt es außerdem Brombeeren, Holunderbeeren und andere Früchte zum Naschen.

ALTER: bis zu 11 Jahre • **STIMME:** Gesang melodisch und klangvoll flötend, plaudernd; Ruf hart und laut „täkk-täkk" • **BEI UNS:** Apr.–Okt. • **ZUG:** Kurzstreckenzieher – Langstreckenzieher • **BRUTZEIT:** Apr.–Aug.; 1–2 Bruten im Jahr • **NEST:** in Bäumen und Sträuchern; lockeres Napfnest aus Halmen • **EIER:** 3–6; bräunlich, braun gefleckt oder mamoriert

KLAPPERGRASMÜCKE

Leiser Gesang, lautes Klappern

Sylvia curruca 027
11,5 bis 13,5 cm

Wenn die Holunderbeeren im Spätsommer reifen, kommt die Klappergrasmücke aus ihrer Deckung und stärkt sich für den Zug. Weiterhin stehen Insekten, Spinnen und andere Kleintiere auf ihrer Speisekarte. Der Name wurde treffend gewählt, denn am auffälligsten ist ein monotones, weithin hörbares Klappern, das dem leisen zwitschernden Gesang folgt und ihr auch den Namen Müllerchen einbrachte – in Anlehnung an das Klappern des Mühlrades. Klappergrasmücken überwintern südlich der Sahara in Ostafrika und ziehen im Gegensatz zu den meisten mitteleuropäischen Zugvögeln in südöstlicher Richtung über das Mittelmeer ab.

Klappergrasmücken singen laut und hölzern klappernd.

Gartentipp

Klappergrasmücken treten häufiger als andere Grasmücken in Gärten auf. Wo dornige Sträucher und dichte Hecken wachsen, ist regelmäßig ihr lautes Klappern zu vernehmen.

ALTER: bis zu 6 Jahre • **STIMME:** Gesang zunächst leise schwätzend, dann laut und hölzern klappernd; Ruf hart „tett“ • **BEI UNS:** Apr.–Sept. • **ZUG:** Langstreckenzieher • **BRUTZEIT:** Apr.–Aug.; 1 Brut im Jahr • **NEST:** bevorzugt in dornigen Sträuchern; lockeres Napfnest aus Stängeln • **EIER:** 3–5; weißlich, graubraun gefleckt

Das Weibchen ist warm braun gefärbt.

TRAUERSCHNÄPPER

Präziser Ansitzjäger

Ficedula hypoleuca
12 bis 13,5 cm

028

Als Ansitzjäger lauert der Trauerschnäpper auf einer Astspitze oder anderen erhöhten Warten und hält Ausschau nach Beutetieren. Kommt ein Opfer in Sicht, stürzt er los und schnappt sich den Nahrungshappen; sowohl im freien Luftraum als auch vom Boden oder aus Büschen und Bäumen. Regelmäßig sammelt er Insekten zudem im Rüttelflug von Blättern und Zweigen ab. Trauerschnäpper sind Höhlenbrüter. Da vielerorts ein Mangel an Baumhöhlen herrscht, ziehen sie ihre Jungen gebietsweise fast ausschließlich in Nistkästen groß. Das Aufhängen von Kunsthöhlen führte zu einer deutlichen Zunahme der Art.

Gartentipp

Meistens sind schon alle Brutplätze belegt, wenn die Trauerschnäpper aus den Winterquartieren heimkehren. Hängen Sie daher für die Spätankömmlinge einige Nistkästen später auf.

ALTER: bis zu 10 Jahre • **STIMME:** Gesang laut und rhythmisch zwitschernd; Ruf kurz „witt“, schnalzend „tzek“ • **BEI UNS:** Apr.–Sept. • **ZUG:** Langstreckenzieher • **BRUTZEIT:** Mai–Juli; 1 Brut im Jahr • **NEST:** bevorzugt in Nistkästen an Bäumen und in Baumhöhlen; lockere Einlage aus Blättern, Rinde und Nadeln • **EIER:** 5–8; bläulich

GRAUSCHNÄPPER

Wendiger Insektenjäger

Muscicapa striata 029
13,5 bis 15 cm

Dicht rankende Kletterpflanzen bieten ausreichend Deckung beim Brüten.

Mit Schwanz und Flügeln zuckend sitzt der Grauschnäpper an einer exponierten Stelle und wartet auf vorbeifliegende Insekten. Diese werden sodann in wendigen Flugmanövern verfolgt und erbeutet. Dabei können wir ihn leicht beobachten. Für den Bau der Kinderstube ist das Weibchen verantwortlich. Gelegentlich übernimmt es ein verlassenes Nest oder errichtet Reihenhäuser: bis zu zehn Nester nebeneinander – eines zum Schlafen, ein bis zwei für die Eier. Der Rest bleibt unbewohnt oder wird später für die Zweitbrut genutzt. Beide Elternteile kümmern sich um die Aufzucht der Jungen.

Gartentipp

Grauschnäpper sind bei der Wahl des Nistplatzes flexibel: hinter abstehender Rinde, in Kletterpflanzen, Mauernischen oder alten Nestern. Halbhöhlenkästen helfen dort, wo Nischen fehlen.

ALTER: bis zu 11 Jahre • **STIMME:** Gesang leise, unauffällig zirpend und trillernd; Ruf scharf „zit", „zie-tek-tek" • **BEI UNS:** Mai–Sept. • **ZUG:** Langstreckenzieher • **BRUTZEIT:** Mai–Aug.; 2 Bruten im Jahr • **NEST:** in Halbhöhlen, auch in Nistkästen; lockeres Nest aus Reisig und Moos • **EIER:** 4–5; weißlich bis bräunlich, rotbraun gefleckt

SCHWANZMEISE

Mit langem Balancierschwanz

Aegithalos caudatus 030
13 bis 15 cm

Schwanzmeisen kündigen sich in der Regel mit einem Schnurren an – ihren Kontaktrufen. Sie streifen fast ganzjährig in kleinen Trupps umher, ständig in Bewegung. Auf der Suche nach Insekten turnen die Akrobaten von 9 g geschickt bis in die äußersten Zweigenden. Manchmal hängen sie dabei nur an einem Bein. Der Schwanz hilft beim Balancieren. Mit rund 8 cm macht er die Hälfte ihrer Körperlänge aus. In der Regel sind es Stippvisiten. In Windeseile ist ein Busch abgesucht und das Grüppchen zieht weiter. Während der Brutzeit verhalten sich die Vögel unauffällig. Ihr Gesang ist leise und selten zu hören.

Im Winter erscheinen vermehrt weißköpfige Schwanzmeisen (links) aus Nord- und Osteuropa. Sie brüten auch in Deutschland. Ihr Anteil nimmt von West nach Ost zu.

Gartentipp

In den Wintermonaten kreuzen Schwanzmeisen sporadisch an Futterstellen im Garten auf. Geschickt turnen sie dort an Meisenknödeln oder picken heruntergefallene Krümel vom Boden auf.

ALTER: bis zu 10 Jahre • **STIMME:** Gesang leise zwitschernd; Ruf scharf „sri", schnurrend „zerrr" • **BEI UNS:** ganzjährig • **ZUG:** Standvogel – Kurzstreckenzieher • **BRUTZEIT:** März–Juni; 1 Brut im Jahr • **NEST:** vom Boden bis in Wipfel; geschlossenes Nest mit seitlichem Einflugloch, aus Moos und Spinnweben • **EIER:** 8–12; weißlich, rötlich gefleckt

Diese Kohlmeise nimmt ein ausgiebiges Bad.

KOHLMEISE

Schwarzer Kopf und gelber Bauch

Parus major **031**
13,5 bis 15 cm

Gartentipp
Sowohl beim Balzgesang als auch bei der Jungenaufzucht oder dem Bad in der Vogeltränke – Kohlmeisen gehören zu den häufigsten Gartenvögeln und sind ganzjährig leicht zu beobachten.

Die Kohlmeise ist sehr anpassungsfähig. Sie besiedelt Wälder, Parks, Friedhöfe und Gärten bis in die Innenstädte hinein. Im Kampf um den besten Nistplatz ist unsere größte und kräftigste Meise anderen Höhlenbrütern meistens überlegen. Findig werden gelegentlich auch Briefkästen, Stiefel, Gießkannen, Rohre oder Mülltonnen zum Brüten umfunktioniert. Bei strahlendem Sonnenschein singen die Männchen bereits im tiefsten Winter, um das eigene Revier gegenüber Rivalen zu behaupten und Weibchen zu imponieren. Ihr Schnabel ist kraftvoll genug, um Sonnenblumenkerne, Bucheckern und Haselnüsse aufzumeißeln.

ALTER: bis zu 15 Jahre • **STIMME:** Lautrepertoire umfangreich, vielfältig, häufig „tita", „zipe-zipe-zipe", „zi-zi-däh"; Ruf „pink" • **BEI UNS:** ganzjährig • **ZUG:** Standvogel – Kurzstreckenzieher • **BRUTZEIT:** März–Aug.; 1–2 Bruten im Jahr • **NEST:** in Baumhöhlen und Nistkästen; Nest aus Moos, Wurzeln und Halmen • **EIER:** 6–12; weiß, rotbraun gefleckt

KLEIBER

Kopfüber den Stamm hinunter

Sitta europaea 032
12 bis 14,5 cm

Gartentipp

Energisch verteidigt der Kleiber seinen Platz am Futterhaus, um dort Sonnenblumenkerne zu sammeln, die er sodann in eine Spalte einklemmt und mit dem Schnabel öffnet.

Der Kleiber brütet in Baumhöhlen, deren Eingangsloch er entweder auf die passende Größe mit Lehm zuklebt – daher der Name – oder mit kräftigen Schnabelhieben erweitert. So ist das brütende Weibchen sicher vor größeren Konkurrenten und Feinden. Ein von Kleibern bewohnter Nistkasten lässt sich nach der Brutzeit nur mühevoll öffnen und säubern, da sämtliche Ritzen sorgfältig mit dem inzwischen steinhart gewordenen Lehm abgedichtet wurden. Als einzige heimische Vogelart können Kleiber Baumstämme kopfüber herunterklettern. Ganzjährig werden Insekten und Samen in Baumritzen gehortet oder in der Erde vergraben.

Die Jungvögel betteln nach Futter.

ALTER: bis zu 12 Jahre • **STIMME:** Gesang rhythmische Folge von Rufen und pfeifenden Tönen, teilweise schnell trillernd; Ruf laut pfeifend „twuit“, scharf „siet“ • **BEI UNS:** ganzjährig • **ZUG:** Standvogel • **BRUTZEIT:** März–Juni; 1 Brut im Jahr • **NEST:** in Fäulnishöhlen, Spechthöhlen oder Nistkästen; Einlage aus Holzstückchen, Rinde • **EIER:** 5–8; weiß, braun gefleckt

Gartentipp

In Gärten mit hohen Bäumen können wir Gartenbaumläufern Nistkästen mit seitlichem Eingang am Stamm oder Zweige, die als Tasche gebogen am Stamm befestigt werden, anbieten.

Gartenbaumläufer wärmen sich gegenseitig im Schlaf und tauschen ihre Plätze regelmäßig.

GARTENBAUMLÄUFER

Meister der Tarnung

Certhia brachydactyla 033
12 bis 13,5 cm

In leicht sprunghaften Bewegungen klettert ein Vogel spiralförmig Richtung Krone und stochert dabei in Ritzen nach Insekten, Spinnen und anderen Tierchen. Oben angekommen, lässt er sich mit angelegten Flügeln wieder herunterfallen, fliegt an den nächsten Stamm und es geht wieder aufwärts. Große Bäume mit rauer Borke sind das Zuhause des Gartenbaumläufers. Dort kann er sich mit seinen Krallen gut festhalten und ist hervorragend getarnt. Sein Nest liegt in Spalten hinter abstehenden Rindenstückchen. Bei Kälte übernachten Gartenbaumläufer gerne gesellig und eng aneinander gekuschelt an geschützten Standorten, um sich gegenseitig zu wärmen.

ALTER: bis zu 5 Jahre • **STIMME:** Gesang kurz, schnell und durchdringend auf gleicher Tonhöhe; Ruf laut und hoch „tüt“ und „srri“ • **BEI UNS:** ganzjährig • **ZUG:** Standvogel • **BRUTZEIT:** März–Juli; 1–2 Bruten im Jahr • **NEST:** in Baumspalten und Nistkästen; Einlage aus Ästchen, Spinnweben, Rinde und Nadeln • **EIER:** 5–6; weiß, braun gefleckt

HAUSSPERLING • HAUSSPATZ

Zutraulicher Koloniebrüter

Passer domesticus
14 bis 16 cm

034

Spatz oder Sperling? So wie Flo zu Florian oder Kathi zu Kathrin ist Spatz die Koseform zu Sperling. Der Allerweltsvogel zählt zu den engsten Kulturfolgern des Menschen und lebt schon seit Jahrhunderten in unserer unmittelbaren Nachbarschaft. Zahlreiche Redensarten zeugen davon. Haussperlinge brüten in Wohngemeinschaften unter Dachziegeln, in Mauernischen oder Kletterpflanzen, in den Zweigen der Storchenhorste und in Nistkästen. Hängen davon mehrere nebeneinander, gründen sie eine Reihenhauskolonie. Ihre Nahrung besteht überwiegend aus den Körnern kultivierter Getreidearten und den Samen von Wildkräutern.

Gartentipp

Haussperlinge nehmen gerne Sandbäder. An einer sonnigen Stelle im Garten können wir eine Mulde oder eine Schale mit feinem Sand für sie füllen.

Ausgiebiges Sandbad: Das Weibchen ist graubraun mit hellem Überaugenstreif, ohne schwarze Kehle.

ALTER: bis zu 19 Jahre • **STIMME:** Gesang monoton ratternd und tschilpend; Ruf „tschilp“ • **BEI UNS:** ganzjährig • **ZUG:** Standvogel • **BRUTZEIT:** März–Sept.; 2–3 Bruten im Jahr • **NEST:** in Nischen und Höhlen sowie freistehend; bei ausreichendem Platz kugelig und oben geschlossen, sonst locker aus Stroh, Heu und Gras • **EIER:** 2–3; bläulich bis grünlich weiß, braun gefleckt

FELDSPERLING • FELDSPATZ

Senkrechtstarter

Passer montanus
12,5 bis 14 cm

035

Der deutsche Name passt: Feldsperlinge bewohnen die mit Hecken durchsetzte, offene Kulturlandschaft, Feldgehölze, Streuobstwiesen und Waldsäume. In Dorfrandlagen erscheinen sie regelmäßig an Futterplätzen oder als Mieter der Nistkästen. So wie der Haussperling lebt auch sein kleiner Verwandter gesellig und bildet häufig größere Brutkolonien. Bei der Nahrungssuche ist er oftmals mit Goldammern und Finken unterwegs. Der Feldspatz ist ein geschickter Flieger. Wie ein Hubschrauber kann er senkrecht nach oben fliegen und im Flug rüttelnd die Richtung um 180 Grad wechseln.

Beim Feldspatzen sehen Männchen und Weibchen gleich aus.

Gartentipp

Wildkräuter bieten Feldsperlingen im Garten Nahrung. Mit ihrem etwas feineren Schnabel bevorzugen sie kleinere Samen als Hausspatzen und fressen Getreide nur vor der Reife.

ALTER: bis zu 13 Jahre • **STIMME:** Gesang ratternd und tschilpend; Ruf hart „tsuwitt“, „tek-tek-tek“, „tschett“ • **BEI UNS:** ganzjährig • **ZUG:** Standvogel – Kurzstreckenzieher • **BRUTZEIT:** Apr.–Aug.; 2–3 Bruten im Jahr • **NEST:** in Baumhöhlen, Nischen und Nistkästen; Nest seitlich hochgezogen, aus Stroh, Heu und Gras • **EIER:** 4–6; bläulich bis grünlich weiß, braun gefleckt

BUCHFINK

Ruft laut und bezeichnend „fink“

Fringilla coelebs 036
14 bis 16 cm

Gartentipp
Buchfinken können wir vor allem außerhalb der Brutzeit im Garten beobachten. Dann suchen sie am Boden des Futterplatzes oder unter verblühten Stauden nach Samen aller Art.

Der Buchfink ist sowohl in Wäldern als auch in Gärten und Parks sehr häufig. Beim Baden in Pfützen oder an Wasserstellen können wir ihn leicht beobachten. Seine Lieder trägt das Männchen von einem freistehenden Ast oder einer Baumspitze vor. Vogelstimmenexperten können hören, woher er kommt, denn seine Lautäußerungen klingen in verschiedenen Regionen Europas leicht unterschiedlich. Die Jungen ahmen den ortsüblichen Dialekt der Eltern nach. Zur Brutzeit sind Buchfinken einzeln oder im Familienverband unterwegs. Im Winterhalbjahr treten sie auch in größeren, häufig gemischten Vogelschwärmen auf.

Das Weibchen ist unscheinbar bräunlich.

ALTER: bis zu 15 Jahre • **STIMME:** Gesang laut und schmetternd mit scharfem Schlusselement „kick“; Ruf „rrüp“ sowie „fink“, „hüitt“ • **BEI UNS:** ganzjährig • **ZUG:** Standvogel – Mittelstreckenzieher • **BRUTZEIT:** Apr.–Aug.; 1–2 Bruten im Jahr • **NEST:** in Bäumen und Sträuchern; Napfnest aus Moos, Wurzeln und Halmen • **EIER:** 4–5; hell bräunlich bis bläulich, bräunlich gefleckt

BERGFINK

Wintergast aus dem Norden

Fringilla montifringilla 037
14 bis 16 cm

Bergfinken brüten in lichten Wäldern Nordeuropas und Sibiriens. Zum Überwintern ziehen sie nach Mittel- und Südeuropa und erscheinen dann regelmäßig in gemischten Trupps mit Buchfinken. Im Flug fallen sie durch ihren weißen Bürzel und die quäkenden Rufe auf. Ihr Auftreten hängt sowohl vom Bruterfolg als auch von der Samenproduktion der Buche ab, denn Bucheckern bilden im Winter die Hauptnahrungsquelle. In manchen Jahren erscheinen riesige Trupps von mehreren Tausend bis über einer Million Vögel, deren Flugmanöver an den Schlafplätzen ein beeindruckendes und lautstarkes Schauspiel sind.

Männchen im Prachtkleid (oben) mit blauschwarzem Kopf, darunter Weibchen mit der leicht braunorangefarbenen Brust.

Männchen im Winterkleid (Schlichtkleid)

Gartentipp

Im Garten können wir Bergfinken am ehesten an der Futterstelle beobachten, wo sie im Winter häufig mit Buchfinken vergesellschaftet nach Samen suchen.

ALTER: bis zu 14 Jahre • **STIMME:** Gesang eintönige und raue kurze Strophen; Ruf quäkend und hart „dschäähp", „djääh" • **BEI UNS:** Okt.–Apr. • **ZUG:** Kurzstreckenzieher – Mittelstreckenzieher • **BRUTZEIT:** Mai–Aug.; 1 Brut im Jahr • **NEST:** in Bäumen; Napfnest aus Moos, Reisig, Wurzeln und Halmen • **EIER:** 6–7; grünlich bis bräunlich, dunkel gefleckt

Das Weibchen hat kein Rot im Gefieder.

BLUTHÄNFLING

Grauer Kopf, rote Stirn und rote Brust

Linaria cannabina 038
11,5 bis 14 cm

Der Bluthänfling brütet in sonnigen Landschaften, die bunt und abwechslungsreich gestaltet sind. Lichter Baum- oder Strauchbestand mit Singwarten und als Neststandort sowie niedrig bewachsene Krautflächen, Randstreifen und Trockenrasen oder Wildkräuterwiesen im Garten als Speisekammer bilden seinen Lebensraum. Je unaufgeräumter, desto besser, denn er ernährt sich fast ausschließlich von Sämereien. Nach der Brutzeit gehen Bluthänflinge oftmals in gemischten Finkentrupps auf Nahrungssuche. Die Mitglieder des Schwarms arbeiten im Team und führen sich gegenseitig zu ergiebigen Futterquellen.

Gartentipp

Liegen nahrungsreiche Flächen in der Nähe, brüten Bluthänflinge auch in Gärten. Sie bauen ihr Nest in dichte Gebüsche. Das Männchen überwacht sein Revier von einer erhöhten Warte.

ALTER: bis zu 9 Jahre • **STIMME:** Gesang abwechslungsreich und stakkatoartig trillernd, quäkend und zwitschernd; Ruf „tig-git“, „gek-gek“ • **BEI UNS:** ganzjährig • **ZUG:** Kurzstreckenzieher – Mittelstreckenzieher • **BRUTZEIT:** Apr.–Aug.; 2 Bruten im Jahr • **NEST:** bodennah oder am Boden in Sträuchern und dichter Vegetation; Napfnest • **EIER:** 4–6; bläulich, dunkelbraun gefleckt

ALPENBIRKENZEISIG

Rote Stirn und gelber Schnabel

Acanthis cabaret
11,5 bis 14 cm

039

Der rote Stirnfleck des Weibchens ist weniger ausgeprägt.

Der Alpenbirkenzeisig war ursprünglich ein reiner Bewohner der Bergnadelwälder. Von den Alpen ausgehend hat er sich im Verlauf des 20. Jahrhunderts über Mitteleuropa ausgebreitet. Im Tiefland brüten Birkenzeisige in lichten Mischwäldern sowie in Siedlungen mit Gärten und Parks. In Nordeuropa und Sibirien besiedeln sie Birken- und Nadelwälder. Die dortigen, etwas heller und eher graubraun gefärbten Vögel werden mittlerweile als eigene Art betrachtet, als Taigabirkenzeisig *(Carduelis flammea)*. Im nördlichen Mitteleuropa ist der etwas größere Taigabirkenzeisig ein regelmäßiger Wintergast.

Gartentipp

Behalten Sie den Luftraum über dem Garten oder Park im Auge: Birkenzeisige tragen ihren Gesang im wellenförmigen Singflug weitläufig über dem Brutgebiet vor.

ALTER: bis zu 5 Jahre • **STIMME:** Gesang kurze, trillernde Strophen mit längeren Pausen; Ruf hart „tschet-tschet" • **BEI UNS:** ganzjährig • **ZUG:** Kurzstreckenzieher • **BRUTZEIT:** Apr.–Aug.; 1–2 Bruten im Jahr • **NEST:** in Bäumen und Sträuchern; Napfnest aus Reisig, Stängeln und Blättern • **EIER:** 4–6; bläulich grün, braun gefleckt

STIEGLITZ • DISTELFINK

Liebt Sonnenblumen und Disteln

Carduelis carduelis 040
12 bis 13,5 cm

Gartentipp
Mit Sonnenblumen und Disteln locken wir Stieglitze in unseren Garten. Ab dem Spätsommer werden die Finken davon magisch angezogen und sind dann leicht zu beobachten.

„Stigelit – stigelit!", sein Ruf erklingt häufig – isoliert oder als Einleitung einer Gesangsvorführung – und verhalf ihm zu seinem Namen. Fast noch bekannter ist er unter der Bezeichnung Distelfink, denn die feinen Samen der Disteln gehören zu seiner Lieblingsnahrung. Geschickt klettern Stieglitze an den Stängeln empor, um an die Fruchtstände zu gelangen. Dünnere Halme umfassen die Leichtgewichte zu mehreren, Sonnenblumen und andere kräftige Gewächse fliegen sie direkt an. Erst nachdem eine Pflanze gründlich abgesammelt wurde, wechseln die Clownsgesichter zur nächsten.

Männchen und Weibchen sehen gleich aus.

ALTER: bis zu 11 Jahre • **STIMME:** Gesang leise zwitschernd und trillernd; Ruf „stigelit" • **BEI UNS:** ganzjährig • **ZUG:** Standvogel – Kurzstreckenzieher • **BRUTZEIT:** Apr.–Sept.; 2 Bruten im Jahr • **NEST:** in Bäumen; Napfnest aus vielseitigem Pflanzenmaterial, gepolstert mit Haaren, Kokons und Watte • **EIER:** 4–6; bläulich, rotbraun gefleckt

GRÜNFINK

Grün mit gelber Flügelbinde

Chloris chloris
14 bis 16 cm

041

Gartentipp

Grünfinken gehören zu den häufigsten Gartenvögeln. Sie profitieren von immergrünen Kletterpflanzen und Koniferen, in denen sie bevorzugt ihre Nester bauen.

Der Grünfink ernährt sich von Knospen, Blüten und Blättchen, Samen, Beeren und Früchten. Sein kräftiger, hoher und konischer Schnabel ermöglicht ihm das Öffnen oder Zerdrücken von Schoten, Kapseln und fleischigen Früchten. An der Futterstelle können wir beobachten, wie geschickt er die Samen von Sonnenblumen öffnet und die Kerne mit der Zunge herauspult. Grünfinken sind bekannt für ihre Kämpfernatur. Mit Drohgebärden und Schnabelhieben behaupten sie ihre Position am Vogelhäuschen. Der trillernde Gesang mit den charakteristischen quetschenden Lauten wird im Singflug oder aus hohen Bäumen vorgetragen.

ALTER: bis zu 13 Jahre • **STIMME:** Gesang pfeifendes und zwitscherndes Trillern mit rauem Schlusston; Ruf kurz und kräftig „jüpp", rau „dschrüüüüih" • **BEI UNS:** ganzjährig • **ZUG:** Standvogel – Kurzstreckenzieher • **BRUTZEIT:** März–Aug. • **NEST:** in Bäumen und Kletterpflanzen; Napfnest aus Moos, Wurzeln und Halmen • **EIER:** 4–6; grünlich, dunkel gefleckt

GIMPEL • DOMPFAFF

Kompakt und rundlich

Pyrrhula pyrrhula **042**
15,5 bis 17,5 cm

Gartentipp
Gimpel erscheinen in der Regel paarweise am Winterfutterplatz. Zur Brutzeit leben sie sehr heimlich und bleiben uns meistens verborgen. Wer ihren Gesang kennt, kann sie entdecken.

Die behäbige Gestalt in Kombination mit dem Federkleid erinnert an einen Domherrn. Daher heißt der Gimpel auch Dompfaff. Er ist darauf spezialisiert, Blatt- und Blütenknospen von Bäumen abzuzwicken oder Schalen zu knacken, um an die Samen zu gelangen. Sein Gesang ist vor allem in den Mittagsstunden zu hören. So wie viele andere weibliche Singvögel singen auch Gimpelweibchen. Ihre Melodien erklingen überwiegend erst nach der Aufzucht der Jungen. Gimpelkinder lernen den Gesang von ihren Eltern. Würden wir die Küken in ein fremdes Nest setzen, würden sie die Lieder der Adoptiveltern übernehmen.

Die Unterseite des Weibchens ist beigegrau mit leichtem Rosaton.

ALTER: bis zu 12 Jahre • **STIMME:** Gesang langsames und leises Pfeifen und Trillern; Ruf weich „djü", „djüp-djüp" • **BEI UNS:** ganzjährig • **ZUG:** Standvogel – Mittelstreckenzieher • **BRUTZEIT:** Apr.–Aug.; 2 Bruten im Jahr • **NEST:** in Sträuchern und Bäumen; Napfnest aus Reisig, Stängeln und Wurzeln • **EIER:** 4–6; bläulich, braun gefleckt

Das Weibchen ist deutlich blasser gefärbt.

KERNBEISSER

Kräftiger Kegelschnabel

Coccothraustes coccothraustes 043
16,5 bis 18 cm

Sein Schnabel ist kräftig genug, um die Kerne von Kirschen, Pflaumen oder Oliven sowie Haselnüsse, Bucheckern und andere stabile Pflanzenhüllen zu sprengen. Er wird deshalb auch Kirschkernbeißer genannt. Eine bemerkenswerte Leistung für den nur 50 bis 60 g schweren Vogel, denn zum Öffnen eines Kirschkerns ist ein Druck von etwa 40 kg notwendig. Kernbeißer sind scheu und schwer zu beobachten, denn sie halten sich meistens in den Baumkronen auf. Ihr leiser Gesang ist im Stimmengewirr des Waldes leicht zu überhören. Mit den charakteristischen „pix"-Rufen verraten sie ihre Anwesenheit.

Gartentipp

Kernbeißer brüten in Laub- und Mischwäldern oder in großen Parks und Gärten. Im Winter erscheinen sie manchmal auch am Futterhaus oder an der Vogeltränke kleinerer Gärten.

ALTER: bis zu 12 Jahre • **STIMME:** Gesang leise gequetschte, stockende, aneinandergereihte Töne; Ruf scharf „pix", lang gezogen „ziek" • **BEI UNS:** ganzjährig • **ZUG:** Standvogel – Kurzstreckenzieher • **BRUTZEIT:** Apr.–Aug.; 1 Brut im Jahr • **NEST:** in Bäumen; Napfnest aus Reisig, Zweigen und Wurzeln • **EIER:** 4–6; grau, dunkelbraun gefleckt

Gartentipp

Vor allem in Dorfrandlagen besuchen Goldammern gelegentlich auch Gärten, um von hoher Warte zu singen oder Körner am Boden des Winterfutterplatzes aufzupicken.

Im Winter sind Goldammern häufig in Trupps unterwegs.

GOLDAMMER

Leuchtet goldgelb

Emberiza citrinella 044
15,5 bis 17 cm

Die Goldammer ist ein Charaktervogel der offenen Landschaft mit Hecken und Bäumen, Streuobstwiesen und Waldrändern. Auf einer Baumspitze sitzend tragen die Männchen von früh bis spät ihren Gesang vor: „Wie-wie-wie-hab-ich-dich-liiieeeb". Oftmals können wir sie schon von weitem hören und sehen. Ihr Nest bauen Goldammern in der Vegetation am Boden oder bodennah in Büschen. Während der Brutzeit bereichern Insekten und Spinnen den Speiseplan. Sonst überwiegt Pflanzenkost. Im Winter suchen Goldammern gemeinsam mit Finken und Spatzen auf Brachflächen, abgeernteten Feldern und an Wegrändern nach Samen.

ALTER: bis zu 13 Jahre • **STIMME:** Gesang Folge von Tönen mit lang gezogenem Schlusselement; Ruf metallisch „tsit", „tsiih", „trüt" • **BEI UNS:** ganzjährig • **ZUG:** Standvogel – Kurzstreckenzieher • **BRUTZEIT:** Apr.–Sept.; 2 Bruten im Jahr • **NEST:** am Boden oder bodennah in Sträuchern; Napfnest • **EIER:** 3–5; gräulich bis weißlich, graubraun gefleckt

VÖGEL, ETWA SO GROSS WIE EINE AMSEL ODER GRÖSSER

Eine Amsel sitzt im Futterhaus und schlemmt ausgiebig. Wählerisch pickt sie ihre Lieblingsbrocken heraus und fegt den Rest mit dem Schnabel nach unten. Im Sommer baut sie ihr Nest in Hecken oder Blumenkästen und sucht Regenwürmer auf dem Rasen. Rund ein Drittel der nachfolgenden Arten ist amselgroß oder deutlich größer.

Mit seinem abwechslungsreichen Gesang verteidigt der Star seinen Nistkasten.

STAR

Metallisch glänzend mit weißgelben Tupfen

Sturnus vulgaris 045
19 bis 22 cm

Nach der Mauser im Herbst ist der Star am ganzen Körper kräftig getupft. Durch Abnutzung der hellen Federspitzen im Verlauf des Winters verschwinden die weißgelben Punkte und das metallisch glänzende schwarze Prachtkleid entsteht. Stare leben ganzjährig gesellig. So können sie sich gegenseitig zu ergiebigen Nahrungsquellen führen und vor Feinden schützen. Außerhalb der Brutzeit bilden sie Schlafgemeinschaften, die Hunderttausende bis Millionen von Tieren umfassen können. Bevor die Vögel in ihre Ruhestätten einfallen, sammeln sie sich am Abendhimmel und vollführen beeindruckende Formationsflüge.

Gartentipp

Im Gegensatz zu Amseln, die sich hüpfend fortbewegen, schreiten Stare leicht ruckartig über den Rasen und stochern dabei geschäftig mit dem Schnabel nach Nahrung.

Ein Starenschwarm fliegt abends zu den Schlafplätzen.

ALTER: bis zu 22 Jahre • **STIMME:** Gesang abwechslungsreich schwätzend und pfeifend mit vielen Imitationen; Ruf „stääh“ • **BEI UNS:** ganzjährig • **ZUG:** Standvogel – Mittelstreckenzieher • **BRUTZEIT:** März–Juli; 1–2 Bruten im Jahr • **NEST:** in Baumhöhlen und Nistkästen; grobe Schicht aus dünnen Zweigen und Halmen • **EIER:** 4–6; grünlich blau

Gartentipp

Ob bei der Nahrungssuche am Boden oder der Aufzucht der Jungen in den oft kaum versteckten Nestern – Amseln sind wenig scheu und lassen sich leicht beobachten.

Das Weibchen ist dunkelbraun mit dunklem Schnabel.

AMSEL • SCHWARZDROSSEL

Wurmjäger auf Rasenflächen

Turdus merula
23,5 bis 29 cm

046

Vor zwei Jahrhunderten war die Amsel noch ein reiner Waldvogel. Mittlerweile kommt sie im Siedlungsbereich in größeren Dichten vor als im Wald und ist einer unserer häufigsten Gartenvögel. Unterholzreiche Wälder zählen weiterhin zu ihrem Lebensraum. Dort verhalten sich die schwarzen Drosseln deutlich zurückhaltender und scheuer als in unserer Nachbarschaft. Amseln nisten in Parks und Gärten jeder Art, gelegentlich sogar in Betonkästen inmitten der Innenstädte. Ihr Gesang ist wohlklingend und melodisch. Er erklingt bereits weit vor Anbruch der Morgendämmerung und in den Abendstunden.

Gefieder einfarbig schwarz

Auf gemähten Rasenflächen sucht sie bevorzugt nach Regenwürmern.

ALTER: bis zu 16 Jahre • **STIMME:** Gesang melodisch und flötend, langsam; Ruf bei Gefahr schnell gereiht „tix-tix-tix“ • **BEI UNS:** ganzjährig • **ZUG:** Standvogel – Kurzstreckenzieher • **BRUTZEIT:** Feb.–Aug.; 2–3 Bruten im Jahr • **NEST:** in Sträuchern, Bäumen und auf Vorsprüngen; Napfnest aus Zweigen und Halmen • **EIER:** 3–5; grün, braun gefleckt

Männchen und Weibchen tragen das gleiche Federkleid.

ALTER: bis zu 17 Jahre • **STIMME:** Gesang melodisch und abwechslungsreich, wiederholt Motive zwei- bis viermal; Ruf scharf „zip“ • **BEI UNS:** ganzjährig • **ZUG:** Standvogel – Mittelstreckenzieher • **BRUTZEIT:** März–Aug.; 2 Bruten im Jahr • **NEST:** bevorzugt in Nadelbäumen; Napfnest aus Zweigen und Gräsern • **EIER:** 3–5; grünlich blau, braun gefleckt

SINGDROSSEL

Melodische Sängerin

Turdus philomelos 047
20 bis 22 cm

Bereits im zeitigen Frühjahr erschallt laut und klar das melodische Flöten der Singdrossel aus Wäldern, Parks und baumreichen Gärten. Kennzeichnend sind die zwei- bis viermaligen Wiederholungen jedes Motivs. Die kleine Drossel lebt heimlich und versteckt. Unauffällig huscht sie durch das Unterholz und wühlt im Laub nach Würmern, Larven, Schnecken und anderen Tierchen. Im Winterhalbjahr ergänzen Beeren, Früchte und Samen den Speiseplan. Wie viele Vogelarten nehmen auch Singdrosseln gezielt Steinchen auf. Diese verbleiben eine Weile im Magen und scheinen die Zerkleinerung der Nahrung zu unterstützen.

Gartentipp

Um an die Weichteile der Schnecken zu gelangen, zerschlagen Singdrosseln das Gehäuse mit dem Schnabel auf Steinen oder Felsen, den „Drosselschmieden".

Gewöhnlich suchen Singdrosseln immer wieder die gleiche Stelle auf, um Schneckenpanzer zu zertrümmern.

Das Markenzeichen der Rotdrossel sind ihre leuchtend rot-orangefarbenen Unterflügel.

ROTDROSSEL

Durchzügler und Wintergast

Turdus iliacus 048
24 bis 27 cm

Die Rotdrossel ist ein Charaktervogel nordischer Laub- und Nadelwälder. Bei uns ist sie ein häufiger Durchzügler und gelegentlicher Wintergast. Im Frühling und Herbst können wir nachts ihre Flugrufe vernehmen. Mit einem scharfen, lang gezogenen „Ziiieh" halten die Vögel untereinander Kontakt. Tagsüber suchen sie oftmals vergesellschaftet mit Wacholderdrosseln, Singdrosseln, Amseln und Staren auf Rasenflächen, kurzrasigen Wiesen und im Laub unter Büschen nach Insekten und deren Larven, Schnecken und Regenwürmern. Im Herbst und Winter bilden Beeren und Früchte einen bedeutenden Anteil ihrer Ernährung.

ALTER: bis zu 17 Jahre • **STIMME:** Gesang monoton-melancholisches Flöten mit abschließendem Zwitschern aus schnarrenden und kratzenden Tönen; Flugruf scharf und gedehnt „ziiieh" • **BEI UNS:** Okt.–Apr. • **ZUG:** Kurzstreckenzieher-Mittelstreckenzieher • **BRUTZEIT:** Apr.–Aug.; 1–2 Bruten im Jahr • **NEST:** in Bäumen, am Boden und in Holzhaufen • **EIER:** 4–6; grünlich, braun gefleckt

Gartentipp

Die leuchtend roten Beeren von Ebereschen und Weißdorn locken Rotdrosseln im Winter in den Garten. Gelegentlich erscheinen sie mit anderen Drosseln auch am Futterplatz.

WACHOLDERDROSSEL

Frisst gerne Früchte und Beeren

Turdus pilaris
22 bis 27 cm

049

Die Wacholderdrossel lebt ganzjährig gesellig. Ihr Lärmen und Schwätzen am Brutplatz ist kaum zu überhören. Als einzige Drosselart brütet sie in Kolonien auf hohen Bäumen in Wäldern, Feldgehölzen, Parks und großen Gärten. Nähern sich Feinde wie Krähen oder Greifvögel, werden diese gemeinschaftlich unter lautem Schimpfen und mit gezielten Kotspritzern abgewehrt. Ihre Nahrung suchen Wacholderdrosseln auf kurzgeschnittenen Wiesen und Rasenflächen in offenem Gelände oder in Beerensträuchern. Im Winter verstärken Vögel aus nördlichen und östlichen Brutgebieten die heimischen Populationen.

Wacholderdrosseln fressen gerne Obst.

Gartentipp

Mit halbierten Äpfeln oder Birnen locken wir Wacholderdrosseln an die Winterfutterstelle im Garten und können so ihre Farbenpracht aus der Nähe bewundern.

ALTER: bis zu 18 Jahre • **STIMME:** Gesang leise schwätzend und zwitschernd; Ruf laut und kurz, gereiht „dschak“ • **BEI UNS:** ganzjährig • **ZUG:** Standvogel – Mittelstreckenzieher • **BRUTZEIT:** Apr.–Juli; 1–2 Bruten im Jahr • **NEST:** in Bäumen und hohen Sträuchern; Napfnest aus feinen Zweigen und Halmen • **EIER:** 5–6; grünlich, braun gefleckt

Rastende Wacholderdrosseln erscheinen im Winter auch häufiger in kleineren Gärten.

roter Nacken-
fleck (fehlt beim
Weibchen)
Schnabel
kräftig
Bauch und
Brust weiß
Oberseite und
Scheitel schwarz
große weiße
Schulterflecken
leuchtend rote
Unterschwanz-
decken

BUNTSPECHT

Schwarz-weiß-roter Zimmermann

Dendrocopus major 050
23 bis 26 cm

Der Buntspecht nutzt seinen Schnabel vielseitig. Er stochert in morschem Holz nach Larven und Insekten, ritzt Baumrinde zum Auflecken des Pflanzensaftes an, meißelt Löcher zur Nahrungssuche oder zimmert sich eine Bruthöhle. Diese wird mit Holzspänen gepolstert – ein weiches Bett für den Nachwuchs. Zudem legt er Spechtschmieden an: Um die Samen aus Zapfen zu hacken, Eicheln und Haselnüsse zu öffnen, werden diese in Astgabeln, Risse oder Nischen eingeklemmt. Ab Februar erschallt weithin hörbar sein Trommeln aus Wäldern und Parkanlagen. Es dient der Verständigung. Ein Trommelwirbel besteht aus bis zu zwanzig Schlägen innerhalb einer Sekunde. Hohle Baumstämme oder dünne Äste dienen als Verstärker.

Balanceakt: Gelegentlich erscheinen Buntspechte auch am Futterplatz.

Gartentipp

Mit dem Erhalt alter Bäume helfen wir dem Buntspecht, denn er zimmert seine Höhle in abgestorbenes Holz. Die verlassenen Spechthöhlen dienen anderen Vogelarten als Nistplatz.

ALTER: bis zu 13 Jahre • **STIMME:** hart „kick“ • **BEI UNS:** ganzjährig • **ZUG:** Standvogel • **BRUTZEIT:** Apr.–Aug.; 1 Brut im Jahr • **NEST:** in selbst gezimmerten Höhlen; gepolstert mit Holzspänen • **EIER:** 4–7; weiß

Gartentipp

Nach einer Störung fliegen Grünspechte oft weit weg. Ihre Flugweise ist wellenförmig: Lange Gleitphasen mit eng angelegten Flügeln wechseln sich mit kurzen Schlagphasen ab.

GRÜNSPECHT

Ameisenjäger am Boden

Picus viridis
30 bis 36 cm

051

Der Grünspecht trommelt nur selten und macht eher durch seine gellenden Balzrufe auf sich aufmerksam. Sie erinnern an Gelächter und sind weithin hörbar. Er bezieht bevorzugt vorhandene Höhlen oder zimmert sich eine Kinderstube in morsches Holz. Seine Zunge ist mehr als 10 cm lang, klebrig und mit Widerhaken versehen. Sie dient als Angelrute, seine Hauptbeute sind Ameisen. Zur Nahrungssuche halten sich Grünspechte daher überwiegend am Boden auf. Systematisch fliegen sie Wegränder, Böschungen und Rasenflächen nach Ameisennestern ab, heben mit dem Schnabel Moosdecken hoch und hacken Löcher in den Boden, um Ameisen, Larven und Eier mit der Zunge aus ihren Gängen herauszufischen.

ALTER: bis zu 15 Jahre • **STIMME:** schnell, mit lachendem Ton „kjü-kjü-kjü-kjü-kjü …" • **BEI UNS:** ganzjährig • **ZUG:** Standvogel • **BRUTZEIT:** Apr.–Aug.; 1 Brut im Jahr • **NEST:** in vohandenen oder selbst gezimmerten Höhlen; gepolstert mit Holzspänen • **EIER:** 5–8; weiß

Der Wangenstreif des Weibchens ist einfarbig schwarz.

Ein Männchen füttert seine Jungen am Eingang der Baumhöhle.

Gartentipp

Die einseitige Ernährung von Straßentauben mit Brot und Essensresten führt zu Überbevölkerung und Krankheit. Die Fütterung von Tauben ist daher in vielen Städten verboten.

Die Felsentaube ist die Stammform der Straßentaube.

ALTER: bis zu 10 Jahre • **STIMME:** dumpfes Gurren, mehrfach wiederholt „gruo-u“ • **BEI UNS:** ganzjährig • **ZUG:** Standvogel • **BRUTZEIT:** März–Sept., teilweise ganzjährig; 3–6 Bruten im Jahr • **NEST:** in Spalten und auf Simsen an Gebäuden, Felswänden und in Höhlen; dünnes Reisignest aus Zweigen und Halmen, kaum gepolstert • **EIER:** 2; weiß

STRASSENTAUBE • STADTTAUBE

Orientierungsgenie

Columba livia forma domestica
29 bis 35 cm

052

Bereits seit rund 7000 Jahren werden Tauben domestiziert, zunächst aufgrund ihres schmackhaften Fleisches, später als Brieftauben. Diese haben die Fähigkeit, über große Distanzen wieder nach Hause zurückzufinden. Sie orientieren sich dabei an Landmarken, am Stand von Sonne, Mond und Sternen, am Erdmagnetfeld, an ihrem Geruchssinn und Gehör. Insbesondere in Städten sind Straßentauben allgegenwärtig. Sie entwickelten sich vermutlich aus verwilderten Haustauben. Es gibt zahlreiche Färbungsvarianten. Viele ähneln der Felsentaube, der Stammform der Haustaube, die heutzutage fast nur noch an Felsküsten und in Gebirgsregionen lebt.

Straßentauben sind in Städten sehr zahlreich.

Männchen und Weibchen sind kaum unterscheidbar.

TÜRKENTAUBE

Zutrauliche Dorfbewohnerin

Streptopelia decaocto
29 bis 33 cm

053

Die Türkentaube wanderte im Verlauf des letzten Jahrhunderts vom Balkan aus in ganz Europa ein. Ihr Lebensraum sind Dörfer und Städte. An Teichen oder Vogeltränken können wir sie beim Baden und Trinken beobachten. Tauben beherrschen das Saugtrinken. Der Schnabel dient als Strohhalm. Sie verschließen ihre Nasenlöcher mit Klappen und können so das Wasser ohne abzusetzen aufsaugen. Diese Art der Flüssigkeitsaufnahme hat den Vorteil, dass die Vögel auch Tautropfen oder Wasser aus kleinsten Ansammlungen leichter aufnehmen können und zügig mit dem Trinken fertig sind. So sind sie Fressfeinden wie Katzen oder Sperbern weniger ausgeliefert.

Gartentipp

Türkentauben nisten in Bäumen und Sträuchern. Vor dem Laubaustrieb wählen sie bevorzugt Nadelbäume. Dann können wir sie regelmäßig beim Nestbau in Thujahecken beobachten.

ALTER: bis zu 17 Jahre • **STIMME:** Ruf tief, mit Betonung auf der zweiten Silbe „gu-guu-gu“ • **BEI UNS:** ganzjährig • **ZUG:** Standvogel • **BRUTZEIT:** März–Okt.; 2–4 Bruten im Jahr • **NEST:** in Bäumen oder an Gebäuden; dünnes und flaches Reisignest aus Zweigen • **EIER:** 2; weiß

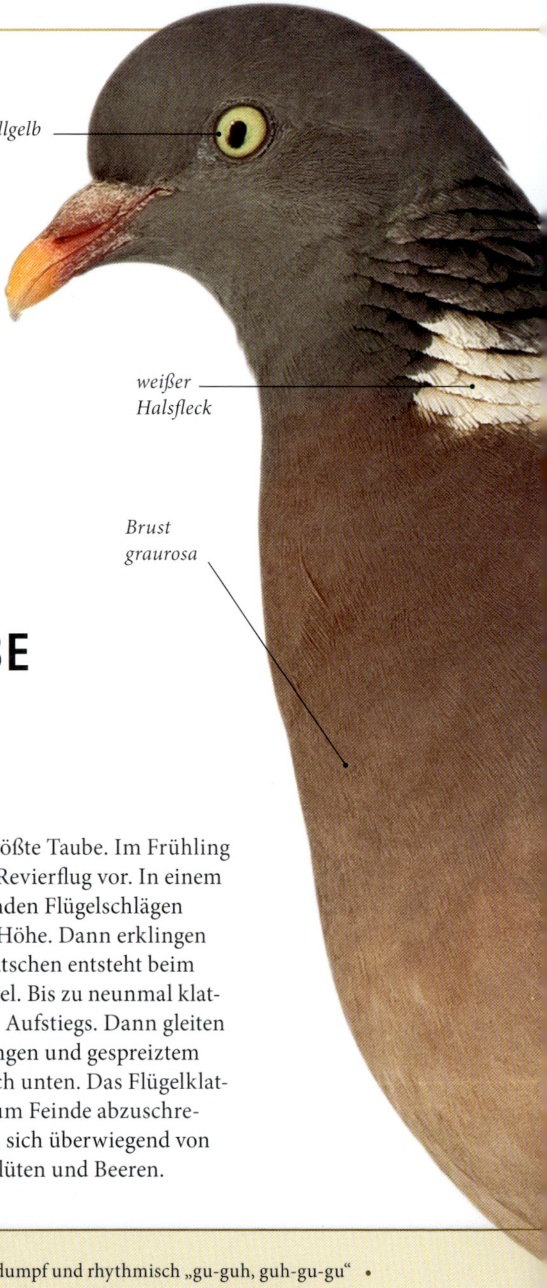

Gartentipp

Im Winter können wir Ringeltauben bei der Nahrungssuche auf abgeernteten Feldern beobachten. Im Garten erscheinen sie regelmäßig am Futterplatz und an der Vogeltränke.

RINGELTAUBE

Klatscht mit den Flügeln

Columba palumbus 054
38 bis 43 cm

Die Ringeltaube ist unsere größte Taube. Im Frühling führen die Männchen ihren Revierflug vor. In einem steilen Bogen und mit pfeifenden Flügelschlägen fliegen sie 20 bis 30 m in die Höhe. Dann erklingen peitschende Schläge. Das Klatschen entsteht beim Zusammenschlagen der Flügel. Bis zu neunmal klatschen die Vögel während des Aufstiegs. Dann gleiten sie mit ausgebreiteten Schwingen und gespreiztem Schwanz langsam wieder nach unten. Das Flügelklatschen wird auch eingesetzt, um Feinde abzuschrecken. Ringeltauben ernähren sich überwiegend von Samen, Blättern, Knospen, Blüten und Beeren.

ALTER: bis zu 17 Jahre • **STIMME:** Ruf dumpf und rhythmisch „gu-guh, guh-gu-gu" • **BEI UNS:** ganzjährig • **ZUG:** Standvogel – Kurzstreckenzieher • **BRUTZEIT:** Apr.–Okt.; 2–3 Bruten im Jahr • **NEST:** in Bäumen; dünnes und transparentes Reisignest aus dünnen Ästen und Zweigen, ungepolstert • **EIER:** 2; weiß

Im Flug fallen die charakteristischen weißen Flügelstreifen sowie der weiße Halsring auf.

Nacken grün schillernd

Gefieder überwiegend blaugrau

Gartentipp

Hält sich ein Sperber im Garten auf, können wir das an der heftigen Kleinvogelreaktion erkennen. Mit lauten Warnrufen und heftigem Gezeter warnen diese vor dem Feind.

Die Unterseite des Weibchens ist braungrau gebändert und nur selten rostrot überhaucht.

SPERBER

Rasanter Kleinvogeljäger

Accipiter nisus
Männchen 29 bis 34 cm / Weibchen 35 bis 41 cm 055

Plötzlich schießt ein Vogel in niedriger Höhe durch den Garten und ist kurz darauf schon wieder verschwunden. Sperber sind Überraschungsjäger, die aus der Deckung von Büschen, Bäumen oder Häusern heraus in kurzen, wendigen Verfolgungsflügen Kleinvögel jagen und dann blitzschnell mit den Füßen ergreifen. Die Beute der Männchen ist etwa so groß wie ein Spatz; die bis zu doppelt so großen und schweren Weibchen können sogar Vögel bis zur Größe einer Ringeltaube fangen. Sie brüten in Wäldern, Feldgehölzen, Parks und Friedhöfen. Ihr Horst, das Nest der Greifvögel, liegt gewöhnlich im Kronenbereich von Koniferen.

ALTER: bis zu 20 Jahre • **STIMME:** Ruf schnell und hoch „kjik-kjik-kjik-kjik-kjik …“ • **BEI UNS:** ganzjährig • **ZUG:** Standvogel – Kurzstreckenzieher • **BRUTZEIT:** Apr.–Aug.; 1 Brut im Jahr • **NEST:** in Bäumen; flaches Reisignest aus dünnen Ästen, gepolstert mit Rinde und Laub • **EIER:** 4–6; blauweiß, ockergelb bis dunkelbraun gefleckt

TURMFALKE

Jagt Mäuse im Rüttelflug

Falco tinnunculus 056
31 bis 37 cm

Mit breit gefächertem Schwanz, schnellen Flügelschlägen und gebeugtem Kopf fliegt ein Vogel über einer Wiese auf der Stelle: Ein Turmfalke im Rüttelflug hält Ausschau nach Mäusen und deren Urinspuren. Da Urin UV-Licht reflektiert und Turmfalken dieses sehen können, sind sie so in der Lage, die Mäuse ausfindig zu machen. Das funktioniert sogar durch geschlossene Schneedecken. Eine weitere Jagdtechnik ist der Ansitz von erhöhten Warten. In beiden Fällen erbeutet der Falke seine Opfer im plötzlichen Sturzflug. Neben Mäusen und anderen Kleinsäugern frisst er auch große Insekten, Eidechsen und Kleinvögel.

Der Rüttelflug ist charakteristisch für den Turmfalken. Daher wird er auch Rüttelfalke genannt.

ALTER: bis zu 13 Jahre • **STIMME:** Ruf schnell und schrill „ki-ki-ki-ki-ki …" • **BEI UNS:** ganzjährig • **ZUG:** Standvogel – Langstreckenzieher • **BRUTZEIT:** März–Juli; 1 Brut im Jahr • **NEST:** in Bäumen, Felsen oder Gebäuden; in verlassenen Nestern, Nischen, Höhlen und Nistkästen • **EIER:** 4–6; gelblich weiß, braunrot oder braun gefleckt

Kopf und Oberseite der Weibchen sind warm braun gefärbt.

Gartentipp

Turmfalken nehmen Nistkästen gerne an. Bringen Sie diese gut zugänglich am Gebäude oder im Inneren von Dachböden an. Balken unter Dachüberständen dienen als Übernachtungsplatz.

WANDERFALKE

Sturzflug im Spitzentempo

Falco peregrinus
Männchen 38 bis 45 cm / Weibchen 46 bis 51 cm 057

Pfeilschnell stürzt er sich aus großer Höhe kopfüber und mit angelegten Flügeln auf seine fliegende Beute, kleine bis mittelgroße Vögel, oder setzt ihr in spektakulären Verfolgungsjagden nach. Den senkrechten Sturzflug beschleunigt der Wanderfalke zusätzlich mit energischen Flügelschlägen und erreicht damit Geschwindigkeiten von mehr als 300 km/h. Er kommt sowohl im Gebirge als auch im Flachland vor und brütet sogar an hohen Gebäuden in Städten. Nach drastischen Rückgängen Mitte des 20. Jahrhunderts aufgrund von Pestizideinsatz und Verfolgung haben sich die Bestände fast überall wieder erholt.

Gartentipp

Wanderfalken sind auf Tauben spezialisiert, mitunter stellen diese ein Drittel ihrer Speisekarte. In Ausnahmefällen schlagen sie auch Kleinsäuger.

ALTER: bis zu 17 Jahre • **STIMME:** meist stumm; Ruf rau und klagend „grä-grä-grä …" • **BEI UNS:** ganzjährig • **ZUG:** Standvogel – Kurzstreckenzieher • **BRUTZEIT:** März–Juni; 1 Brut im Jahr • **NEST:** in Felsen, auf Bäumen, an Gebäuden und am Boden; in verlassenen Nestern, kein eigener Nestbau • **EIER:** 3–4, gelblichweiß, sehr dicht braun gefleckt

Augen dunkelbraun mit gelber Umrandung
Bartstreif breit und schwarz
Oberseite schiefergrau

WALDOHREULE

Lange Federohren,
orangefarbene Augen

Asio otus
31 bis 37 cm

058

Gartentipp

Außerhalb der Brutzeit sammeln sich Waldohreulen in kleinen Trupps zum Schlafen. Sie bevorzugen Nadelbäume und suchen ihre Ruheplätze bisweilen inmitten von Dörfern oder Städten.

Die Waldohreule ist dämmerungs- und nachtaktiv. Sie jagt in Offenlandschaften mit niedriger Vegetation, die an ihr Brutrevier grenzen: lichte Wälder, Feldgehölze, große Parks und Gärten. Die Federohren sind verlängerte Kopffedern, die bei Erregung aufgestellt werden. Ihre Hörorgane befinden sich dagegen seitlich am Kopf, versteckt im Gefieder. Damit sind Waldohreulen in der Lage, selbst kleinste Geräusche wie das Rascheln und Fiepen von Mäusen zu orten. Der auffällige Gesichtsschleier – eine durch steife Federn gebildete, kranzförmige Einfassung des Vorderkopfes – dient ihnen dabei als Verstärker.

Waldohreulen sammeln sich am Schlafplatz.

ALTER: bis zu 27 Jahre • **STIMME:** Ruf dumpf und wiederholt „hu – hu – hu – hu“ • **BEI UNS:** ganzjährig • **ZUG:** Standvogel – Kurzstreckenzieher • **BRUTZEIT:** März–Aug.; 1 Brut im Jahr • **NEST:** in verlassenen Horsten von Rabenvögeln und Greifvögeln • **EIER:** 3–6; weiß

lange Federohren
Auge orange

Kopf groß
und rund

Gartentipp

Mit dem Erhalt und Schutz alter Baumbestände im Garten helfen wir dem Waldkauz, denn dieser brütet bevorzugt in großen Baumhöhlen alter Laubbäume.

Waldkäuze jagen nachts Mäuse und Insekten.

WALDKAUZ

Nachtjäger

Strix aluco 059
37 bis 43 cm

Die schaurig klingenden Rufe des Waldkauzes sind im Frühjahr und Herbst nach Einbruch der Dunkelheit kilometerweit zu hören. Er ist ausgezeichnet an die Jagd bei Nacht angepasst. Seine Augen sind groß und lichtempfindlich, das Gefieder ermöglicht einen lautlosen Flug und das Gehör ist hochsensibel. Den Tag verbringt der Nachtjäger dösend und gut getarnt auf einem Baum. Wenn Kleinvögel den Feind attackieren und lautstark beschimpfen, können wir sein Versteck finden. Die Jungvögel verlassen ihre Bruthöhlen noch flugunfähig und werden als „Ästlinge" – auf einem Ast sitzend – noch mehrere Wochen lang versorgt.

ALTER: bis zu 22 Jahre • **STIMME:** Ruf laut und weit tragend „huuuuh – huhuhuhuuh" • **BEI UNS:** ganzjährig • **ZUG:** Standvogel • **BRUTZEIT:** Febr.–Aug.; 1 Brut im Jahr • **NEST:** Höhlen jeder Art, bevorzugt Baumhöhlen, auch in Gebäuden, seltener in Nistkästen; Nestunterlage aus Holzmulm, Sand, Gewölle oder Heu • **EIER:** 3–6; weiß

SCHLEIEREULE

Lautlose Jägerin

Tyto alba
33 bis 35 cm 060

Die Schleiereule ist ein Kulturfolger. Ihre Niststätten liegen in Dörfern, die an offene Landschaften grenzen. Dort geht sie nachts auf die Jagd nach Kleinsäugern, Vögeln, Amphibien, Reptilien und Großinsekten. Ihr Flug ist lautlos. Das flaumige Gefieder und eine kammartige Struktur an der Vorderkante der Flügel dämpfen den Schall. Zudem bewegt sie ihre Flügel im Gleitflug langsam und bedächtig. Das dabei erzeugte Geräusch ist von solch niedriger Frequenz, dass es außerhalb des hörbaren Bereichs von Menschen und Beutetieren liegt. So können sich die Eulen unbemerkt aus der Luft anschleichen.

Im Flug fallen die hellen Unterflügel auf.

Unterseite orangebraun

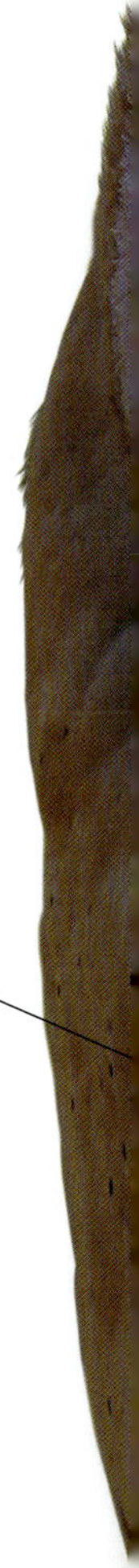

Gartentipp

Weißgekalkte Böden oder Gerätschaften in der Scheune weisen auf Schlafplätze der Schleiereule hin. Wer den Blick nach oben lenkt, kann sie oftmals auf einem Dachbalken entdecken.

ALTER: bis zu 17 Jahre • **STIMME:** Ruf heiser, schrill und fauchend „chrüüüh" • **BEI UNS:** ganzjährig • **ZUG:** Standvogel • **BRUTZEIT:** März–Dez.; 1–2 Bruten im Jahr • **NEST:** in Hohlräumen von Kirchtürmen, Dachböden und Scheunen sowie in Nistkästen; Nestunterlage aus zerbissenen oder zerfallenen Gewöllen • **EIER:** 4–12, weiß

Gesicht seidenweiß
und herzförmig
Auge
schwarzbraun
Oberseite dunkelgrau
und ockerfarben meliert

Gartentipp

Im Garten suchen Elstern bevorzugt auf dem Rasen oder im Komposthaufen nach Insekten, Regenwürmern, Schnecken und anderen Kleintieren und sammeln Früchte, Beeren und Samen.

ELSTER

Schlau und neugierig

Pica pica
40 bis 51 cm (20 bis 30 cm Schwanz) **061**

Elstern zählen zu den intelligentesten Vögeln. Sie können ihr eigenes Spiegelbild und Artgenossen individuell erkennen, spielen gerne untereinander oder mit Gegenständen und nutzen Stöckchen, um an Futter zu gelangen. Ihr Lebensraum sind halboffene Landschaften mit hohen Bäumen. Die Sorge, dass die Allesfresser durch das Ausrauben von Nestern die Kleinvogelbestände gefährden, ist unbegründet. Eier und Küken bilden in der Regel nur einen unbedeutenden Anteil ihrer Ernährung. Zudem haben sich die Beutetiere im Laufe der Evolution an Verluste durch Jäger angepasst und gleichen dies durch Ersatzbruten sowie hohe Kinderzahlen aus.

ALTER: bis zu 21 Jahre • **STIMME:** Ruf heiser und laut „tscheck-tschek“, auch „tscha-ka“ • **BEI UNS:** ganzjährig • **ZUG:** Standvogel • **BRUTZEIT:** März–Aug.; 1 Brut im Jahr • **NEST:** in hohen Bäumen; großes und überdachtes Kugelnest aus Reisig, Dach bevorzugt aus dornigen Zweigen, gepolstert mit einer Lehmschicht • **EIER:** 4–8; grünlich, bräunlich gefleckt

Mit ihrem langen Schwanz und dem schwarz-weißen Gefieder ist die Elster unverkennbar.

EICHELHÄHER

Wächter des Waldes

Garrulus glandarius 062
32 bis 35 cm

Gartentipp

Eichelhäher halten sich meistens nur kurz am Futterplatz auf. Sie sammeln Nüsse und andere Samen im Schnabel und fliegen damit an einen ruhigen Ort zum Fressen.

Während der Brutzeit leben Eichelhäher heimlich und versteckt, danach streifen sie umher und sind leichter zu beobachten. Die Wächter des Waldes zeigen mit lautem Rätschen an, dass sie uns oder einen anderen Feind erspäht haben und warnen die Tierwelt so vor der Gefahr. Im Sommer überwiegt tierische Kost. Das Wintermenü besteht hauptsächlich aus Eicheln, Nüssen und Bucheckern. Im Herbst legen Eichelhäher Speisekammern an. Fühlen sie sich beim Vergraben beobachtet, wird das Versteck verlegt. Die Vögel merken sich ihre Depots genau und finden diese sogar unter Schnee wieder. Überschüssige Samen keimen – so trägt der Eichelhäher zur Verjüngung der Wälder bei.

ALTER: bis zu 16 Jahre • **STIMME:** Ruf laut und auffällig rätschend „krääh" • **BEI UNS:** ganzjährig • **ZUG:** Standvogel – Kurzstreckenzieher • **BRUTZEIT:** März–Aug.; 1 Brut im Jahr • **NEST:** in Bäumen; Reisignest aus kleinen Ästen und Zweigen, gepolstert mit Gräsern, Blättern und Moos • **EIER:** 3–6; grünlich, braun gefleckt

Die Vorliebe für Eicheln führte zu seinem deutschen Namen.

Dohlen nisten in Höhlen und Spalten vielfältigster Art – so wie hier zwischen Felsspalten …

Gartentipp

Dohlen sind Allesfresser. Sie suchen bevorzugt auf Freiflächen nach Nahrung. Im Garten kommen sie sporadisch an Futterstellen, durchwühlen den Kompost und inspizieren den Rasen.

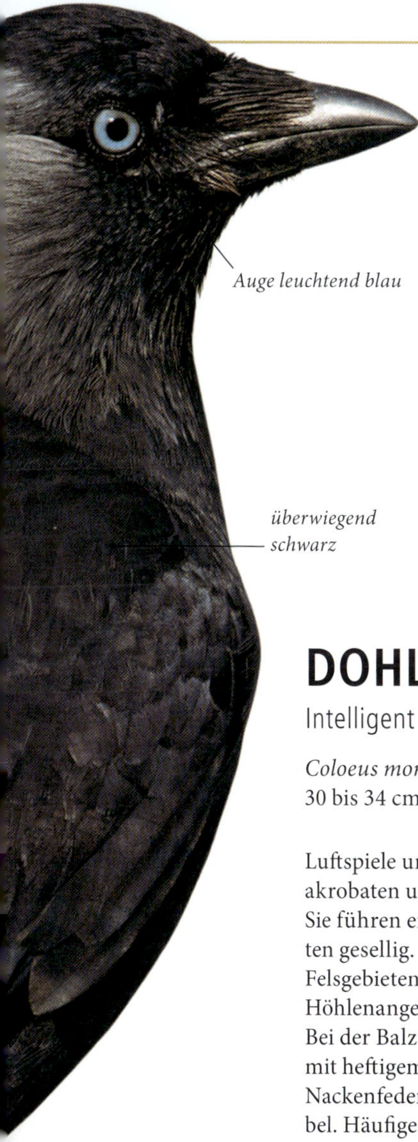

… oder auch in Baumhöhlen.

DOHLE

Intelligent und gesellig

Coloeus monedula 063
30 bis 34 cm

Luftspiele und Synchronflüge: Dohlen sind Himmelsakrobaten und bekannt für ihre Flugkünste.
Sie führen eine Dauerehe und leben zu allen Jahreszeiten gesellig. Ihre Brutplätze liegen in lichten Wäldern, Felsgebieten oder in Dörfern und Städten. Je nach Höhlenangebot brüten sie in Kolonien oder einzeln. Bei der Balz begrüßt das Weibchen seinen Partner mit heftigem Schwanz- und Flügelzittern, gesträubten Nackenfedern und auf die Brust gesenktem Schnabel. Häufiges Kraulen, Schnäbeln und gegenseitiges Füttern festigt die Paarbeziehung. Oft sind Dohlen in Schwärmen mit anderen Rabenvögeln unterwegs.

ALTER: bis zu 19 Jahre • **STIMME:** Ruf kurz und hell „kja“, hart „kjack“ oder lang gezogen „kjaar“ • **BEI UNS:** ganzjährig • **ZUG:** Standvogel – Mittelstreckenzieher • **BRUTZEIT:** Apr.–Juli; 1 Brut im Jahr • **NEST:** in Felslöchern, Baumhöhlen und Gebäudenischen, auch in Nistkästen; ausgebaut mit kleinen Ästen und weich gepolstert • **EIER:** 3–6; bläulich, braun gefleckt

SAATKRÄHE

Schwarz und glänzend

Corvus frugilegus 064
41 bis 49 cm

Die Saatkrähe wirkt gedrungen und massiv. Im Vergleich zur Rabenkrähe ist ihr Körperbau kräftiger, die Stirn steiler und der Hals kürzer. Sie zählt zu den Koloniebrütern. Die Paare nisten auf engem Raum nebeneinander in Bäumen, oft inmitten unserer Dörfer oder Städte. Ihre Individualdistanz beschränkt sich auf den unmittelbaren Nestbereich. Die Gruppe bietet Schutz vor Feinden. Im Herbst sammeln die Allesfresser Nüsse. Zum Knacken fliegen sie mit der Frucht nach oben und lassen diese zum Aufplatzen abstürzen. Die Höhe ist entscheidend. Manchmal benötigen sie mehrere Anläufe, bevor sich die Schale öffnet.

Schnabel hellgrau

Gartentipp

Im Winter bilden Saatkrähen Schlafgemeinschaften. Dann übernachten bisweilen Tausende in Baumgruppen oder Gehölzen in der freien Landschaft, in Siedlungsnähe oder Parkanlagen.

Im Winter sind die Nester der Saatkrähenkolonien schon von weitem zu sehen.

ALTER: bis zu 20 Jahre • **STIMME:** Ruf laut und rau, lang gezogen und heiser „krraah" • **BEI UNS:** ganzjährig • **ZUG:** Standvogel – Mittelstreckenzieher • **BRUTZEIT:** Febr.–Juli; 1 Brut im Jahr • **NEST:** in Bäumen; Reisignest aus Ästen und Zweigen, gepolstert mit Moos, Wurzeln und Erde • **EIER:** 2–7; bläulich bis grünlich, braun gesprenkelt

Auge dunkel
einfarbig schwarz
Schnabelansatz unbefiedert und hellgrau

*Die **Nebelkrähe** (Corvus cornix) ist so groß wie die Rabenkrähe und vertritt diese in Deutschland östlich der Elbe. Unverwechselbar ist sie durch ihr graues Körpergefieder, die schwarzen Flügel und den schwarzen Kopf.*

RABENKRÄHE

Allesfresserin

Corvus corone
44 bis 51 cm

065

Gartentipp

Rabenkrähen tragen auf natürliche Weise zur Schädlingsbekämpfung bei, indem sie insbesondere zur Brutzeit unzählige Schnecken, Raupen, Käfer und Mäuse fressen.

Die Rabenkrähe ist ein weit verbreiteter Bewohner der offenen und halboffenen Landschaften. Als Kulturfolger brütet sie vielerorts im Siedlungsbereich von Dörfern und Städten. Die Allesfresser sind anpassungsfähig und nutzen diverse Nahrungsquellen. Auf Feldern, Wiesen, an Straßenrändern, in Komposthaufen und auf Müllkippen suchen sie nach Essbarem: Insekten, Würmer, Schnecken, kleine Wirbeltiere, Samen, Aas und Abfälle stehen auf dem Speiseplan. Ihr Nest bauen sie auf Bäumen oder Masten. Es dient später Turmfalken oder Waldohreulen als Niststätte. Außerhalb der Brutzeit leben sie sehr gesellig.

ALTER: bis zu 19 Jahre • **STIMME:** Ruf laut und rau, gereiht „krrah“ • **BEI UNS:** ganzjährig • **ZUG:** Standvogel • **BRUTZEIT:** März–Juli; 1 Brut im Jahr • **NEST:** in Bäumen; Reisignest aus Ästen und Zweigen, gepolstert mit Gras, Moos und Erde • **EIER:** 4–6; grünlich blau, dunkel gefleckt

Im Jugendkleid sind Teichrallen einfarbig graubraun mit heller Kehle.

TEICHRALLE • TEICHHUHN

Geschickte Kletterin

Gallinula chloropus 066
32 bis 25 cm

Die Teichralle brütet im Uferdickicht von Teichen, Seen oder Flüssen und hält sich während der Brutzeit meistens im Schutz der Vegetation auf. Das Männchen legt Nestplattformen an und schafft das Nistmaterial herbei. Das Weibchen übernimmt den Bau des Brutnestes. Später erhält der Nachwuchs noch ein Ruhenest zum Schlafen. Im Winter schwimmen Teichrallen häufiger auf offenen Wasserflächen oder suchen auf angrenzenden Flächen an Land nach Nahrung. Ihre langen Zehen haben weder Schwimmhäute noch Schwimmlappen. Damit können sie hervorragend über Schwimmpflanzen laufen und geschickt im Schilf oder in Büschen klettern.

ALTER: bis zu 18 Jahre • **STIMME:** reichhaltiges Repertoire kurzer und scharfer Rufe, häufig guttural „kürrk“ • **BEI UNS:** ganzjährig • **ZUG:** Standvogel – Kurzstreckenzieher • **BRUTZEIT:** Apr.–Sept., 1–3 Bruten im Jahr • **NEST:** im oder über Flachwasser, am oder flach über dem Boden; tiefes Napfnest aus Wasserpflanzen, gepolstert mit Gras und Blättern • **EIER:** 4–11; gelblichbraun, braun gefleckt

Gartentipp

Teichhühner schwimmen und laufen sehr ruckartig. Sie nicken ständig mit dem Kopf und zucken mit dem Schwanz. Dabei blitzen ihre leuchtend weißen Unterschwanzdecken auf.

Der blaue Flügelspiegel ist bei Männchen (links) und Weibchen (rechts), hier mit seinen Jungen, in allen Federkleidern kennzeichnend.

STOCKENTE

Mit blauem Flügelspiegel

Anas platyrhynchos 067
50 bis 60 cm

Gartentipp

Stockenten besuchen gelegentlich größere Gartenteiche. Dort gründeln sie kopfunter und mit aufrechtem Schwanz nach pflanzlicher Nahrung und kleinen Wassertieren.

Hin und wieder baut die Stockente ihr Nest in Weiden, die auf den Stock geschnitten wurden – dieser Brutplatz führte zu ihrem deutschen Namen. Unsere größte heimische Ente ist aufgrund ihrer Anpassungsfähigkeit hinsichtlich der Niststandorte und ihrer Nahrung weit verbreitet. Ihr Lebensraum sind Gewässer jeder Art, sowohl in der freien Landschaft als auch in Dörfern und Städten. Sie ist die Stammform der Hausente. Bei abweichend gefärbten Enten an Parkgewässern handelt es sich um Mischlinge mit diesen. Das bunte Prachtkleid tragen die Männchen nur im Winter, das sommerliche Schlichtkleid ähnelt dem tarnfarbenen Gefieder der Weibchen.

ALTER: bis zu 26 Jahre • **STIMME:** Männchenruf schnarrend „räb-räb-räb“; Weibchenruf quakend und abfallend mit Betonung auf erster Silbe „kwäh-kwäh-kwa-kwa …“ • **BEI UNS:** ganzjährig • **ZUG:** Standvogel – Mittelstreckenzieher • **BRUTZEIT:** Febr.–Sept.; 1 Brut im Jahr • **NEST:** am Boden oder in Bäumen, in Nisthilfen; Reisignest • **EIER:** 6–15; grünlich bis bräunlich

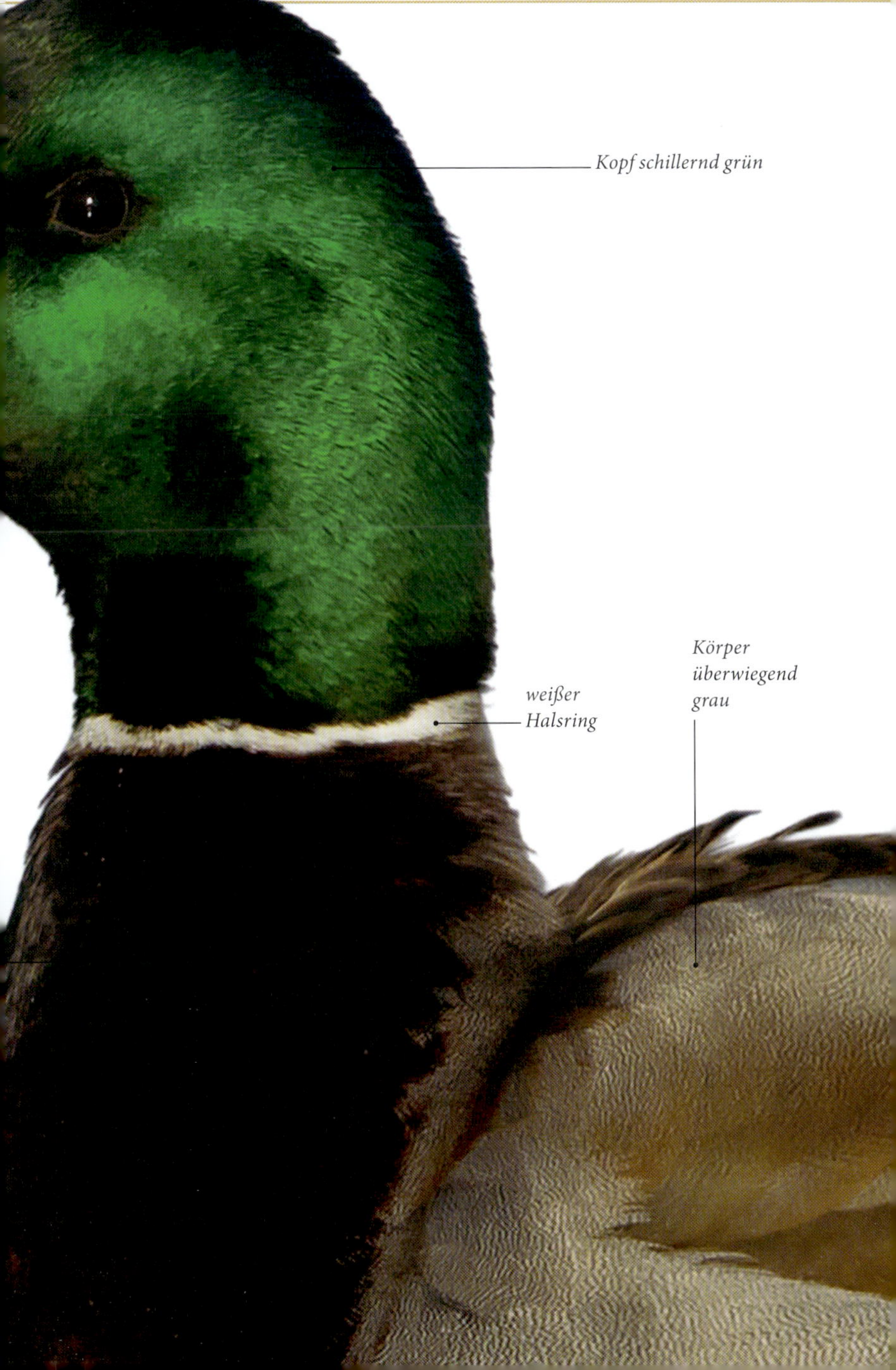
Kopf schillernd grün
weißer Halsring
Körper überwiegend grau

Die graue Kopfkappe verrät den Jungvogel.

Gartentipp

Ein großer Abdruck im Schlamm oder Schnee verrät den Graureiher: Drei Zehen sind nach vorne gerichtet und etwa 9 cm lang. Die Hinterzehe ist nach hinten gerichtet und 6 bis 7 cm lang.

Im Flug überragen die Zehen den Schwanz deutlich. Der Hals wird s-förmig gekrümmt und wirkt dadurch dick.

GRAUREIHER

Lauerjäger und Koloniebrüter

Ardea cinerea 068
84 bis 102 cm

Reglos lauert der Graureiher im Flachwasser und hält Ausschau nach Beute: Fische, Amphibien, Reptilien, Kleinsäuger, Insekten, Krebstiere, Muscheln, Schnecken und gelegentlich ein Vogel bis zur Größe einer Amsel. Häufig können wir ihn auch auf Stoppelfeldern oder Wiesen entdecken. Zuweilen schreitet er bei der Nahrungssuche gemächlich voran, den Blick aufmerksam nach unten gerichtet. Graureiher wurden aufgrund ihrer Vorliebe für Fische bis ins 20. Jahrhundert stark verfolgt. Es gab Abschussprämien und ihre Brutkolonien wurden systematisch zerstört. Heute sind sie europaweit unter Schutz gestellt.

ALTER: bis zu 35 Jahre • **STIMME:** Ruf heiser und lang gezogen „kräick" und „krrräk" • **BEI UNS:** ganzjährig • **ZUG:** Kurzstreckenzieher • **BRUTZEIT:** Febr.–Aug., 1 Brut im Jahr • **NEST:** auf Bäumen, gebietsweise im Schilf; Reisignest aus Ästen und Zweigen, gepolstert mit Wurzeln, Halmen, Haaren und Federn • **EIER:** 3–5, blaugrün

Gartentipp

Weißstörche sind Meister des Segelfluges. Sie schrauben sich mit Aufwinden in die Höhe und gleiten dann langsam bis zur nächsten Thermik abwärts.

Schnabelklappern mit weit nach hinten gebogenem Hals.

Beine lang und rot

Gefieder schwarz-weiß

WEISSSTORCH

Meister des Segelfluges

Ciconia ciconia
95 bis 110 cm

069

Schnabel lang und rot

Mit lautem Schnabelklappern begrüßen sich die Partner auf dem Nest. Dies dient der Verständigung und Paarbindung. Auf einem Bein stehend, den Schnabel ins Gefieder geschoben, halten Weißstörche auch bei starkem Wind mühelos Balance. Ein zweites Gleichgewichtsorgan im Rücken sorgt unter anderem dafür, den Körper stabil zu halten. Abwechselnd schieben die Störche ihre Beine unter das wärmende Gefieder. So können sie den Wärmeverlust über die nackten Gliedmaßen bei rauer Witterung oder nach stundenlangem Waten durch kühles Wasser ausgleichen und ihre durch das Stehen ermüdeten Muskeln erholen.

ALTER: bis zu 39 Jahre • **STIMME:** leise, zischende Laute, sonst stumm; stattdessen lautes Schnabelklappern • **BEI UNS:** März–Aug. • **ZUG:** Kurzstreckenzieher – Langstreckenzieher • **BRUTZEIT:** März–Sept.; 1 Brut im Jahr • **NEST:** auf Gebäuden und in Bäumen, großer Horst aus dicken Ästen, Reisig, Gras- und Erdklumpen; fein gepolstert • **EIER:** 3–6, weiß, fein gesprenkelt

SERVICE

Stunde der Gartenvögel

Der NABU ruft jedes Jahr zu den Mitmachaktionen „Stunde der Gartenvögel" (Mai) und „Stunde der Wintervögel" (Januar) auf. Jeder kann dabei sein und innerhalb einer Stunde alle Vögel im Garten notieren und dem NABU melden, der die Daten auswertet. Näheres unter *www.nabu.de*

Nützliche Adressen

NABU – Naturschutzbund Deutschland e. V.
NABU-Bundesgeschäftsstelle
Charitéstr. 3, D-10117 Berlin
www.nabu.de

LBV – Landesbund für Vogelschutz in Bayern e. V.
Eisvogelweg 1, D-91161 Hilpoltstein
www.lbv.de

BirdLife Österreich – Gesellschaft für Vogelkunde
Museumsplatz 1/10/8, A-1070 Wien
www.birdlife.at

Schweizer Vogelschutz SVS / BirdLife Schweiz
Wiedingstr. 78, CH-8036 Zürich
www.birdlife.ch

Vivara
Naturschutzprodukte
Postfach 2520
D-41312 Nettetal-Kaldenkirchen
www.vivara.de

SCHWEGLER Vogel- und Naturschutzprodukte GmbH
Heinkelstraße 35
D-73614 Schorndorf
www.schwegler-natur.de

Strobel Naturschutzbedarf
Nitzschkaer Straße 29/1
D-04626 Schmölln-Kummer
www.naturschutzbedarf-strobel.de

Donath Wintervogelfutter
Inh. Andreas Donath e. K.
Bahnhofstraße 23
D-88250 Weingarten
www.donath-vogelfutter.de

Rauchschwalben

Zum Weiterlesen

BARTHEL, PETER H. & P. DOUGALIS (2024): Was fliegt denn da? Der Klassiker. Alle Vogelarten Europas. Farbzeichnungen. 200 Seiten, KOSMOS.

BERTHOLD, P. & G. MOHR (2021): Vögel füttern, aber richtig. Das ganze Jahr füttern, schützen und sicher bestimmen. 192 Seiten, KOSMOS.

DIERSCHKE, V. (2020): Welcher Vogel ist das? Die neuen Kosmos-Naturführer. 256 Seiten. KOSMOS.

HAAG, H. & S. WALENTOWITZ (2022): Was fliegt denn da? Kindernaturführer. 85 heimische Vogelarten. 112 Seiten, ab 8 Jahren, KOSMOS.

SCHMID, U. (2018): Welcher Gartenvogel ist das? 100 Arten beobachten und erkennen. 192 Seiten, KOSMOS.

SINGER, D. (2022): Was fliegt denn da? Der Fotoband. 346 Vogelarten Europas. 400 Seiten, KOSMOS.

Vogelführer für Smartphones

Kosmos-Apps:
- Gartenvögel
- Vögel füttern und erkennen
- Bird Guide App
  (Der Kosmos-Vogelführer)

Audio-CDs, DVDs

SINGER, D. & J. C. ROCHÉ (2018): Alle Vögel sind schon da, Vogelbuch, Audio-Stimmen-CD mit Sprecheransagen, Faltplan. 128 Seiten, KOSMOS.

BERGMANN, H.-H. & W. ENGLÄNDER (2019). Die Kosmos-Vogelstimmen-Edition. 220 Vögel, Filme und Stimmen. 2 DVDs mit Begleitbuch im Schuber, KOSMOS.

Buchfink-Männchen im Prachtkleid

REGISTER

UNSERE AUTORIN

Daniela Strauß *stammt aus Niedersachsen und lebt zur Zeit in Katalonien. Seit 20 Jahren beobachtet sie Vögel. Ab 2009 war sie für die Niedersächsische Seltenheitenkommission tätig und leitete diese von 2012 bis 2013.*

Frauen sind unter den Vogelbeobachtern eine Minderheit. Frau Strauß, wie sind Sie zu den Vögeln gekommen?
Ein Erlebnis auf der Insel Sylt! An einem nebligen Tag im März landete unvermittelt ein Trupp überwiegend weiß gefärbter Kleinvögel vor mir im Gras – Schneeammern im Prachtkleid! Die Begeisterung für die Vogelkunde war geweckt. Ich kaufte ein hochwertiges Fernglas und das Buch von Lars Jonsson, „Die Vögel Europas", mein erstes umfassendes Bestimmungsbuch.

Haben Sie auch einen Lieblingsvogel?
Mich faszinieren Greifvögel. Stundenlang könnte ich diese imposanten Vögel während des Zuges oder in ihrem Brutgebiet beobachten. Ein Steinadler, der im vollen Sturzflug ein Murmeltier erbeutet, oder ein Sperber, der auf der Jagd nach Kleinvögeln rasant durch meinen Garten fegt, ist ein beeindruckender Anblick. Mein wirklicher Lieblingsvogel ist die Schwanzmeise. Es macht Spaß, dieser hübsch gefärbten Meise dabei zuzuschauen, wie sie geschickt mit dem Schwanz balancierend durch die Büsche hüpft.

Gibt es ein besonderes Erlebnis, von dem Sie berichten möchten?
Vor einiger Zeit beobachtete ich zwei Elstern vor meiner Haustür. Offensichtlich hatten die Vögel großes Vergnügen daran, eine sich sonnende Katze zu piesacken. Immer wieder näherten sie sich der Katze und stupsten sie mit dem Schnabel an. Die Katze sprang hoch, um die Störenfriede abzuwehren. Erst im allerletzten Moment flogen die Elstern auf, landeten wenige Meter entfernt und das Spiel begann von Neuem – bis die Katze nach einer halben Stunde den Schauplatz verließ.

Sie sind Mutter von vier Kindern. Haben Sie Tipps, wie Eltern Kinder für die Natur begeistern können?
Gemeinsame Aktivitäten in der Natur und Freiraum für eigene Entdeckungen, all dies sensibilisiert Kinder für die Natur. Meine Kinder waren von klein auf häufig dabei und begannen schon früh, selbstständig die nähere Umgebung zu erkunden. So haben sich Naturverbundenheit und nebenbei auch Artenkenntnis entwickelt.

Das Interview führte Stefanie Tommes, Kosmos-Verlag, Programm Natur.

IMPRESSUM

Covergestaltung von Annabell Goldacker, 599media GmbH, Leipzig, unter Verwendung von drei Aufnahmen: Amsel (Umschlagvorderseite oben) von Gamander López, Rotkehlchen (Umschlagvorderseite unten) von Alex Cooper Photography/Shutterstock. Gestaltung der Buchrückseite von Katrin Kleinschrot unter Verwendung einer Aufnahme: Wintergoldhähnchen von Vitaly Ilyasov/Shutterstock.

Mit 237 Farbfotos: 9 von **F. Adam** (S. 24, 29, 39 re., 44 re., 50 re., 63, 64 re., 65 re., 66), 2 von **T. Angermayer** (S. 43, 49 u.), 1 von **A. Auer/naturfoto.cz** (S. 60 li.), 1 von **H. Bellmann/F. Hecker** (S. 108 li.), 1 von **Bergfee/Adobestock** (S. 95), 3 von **Blickwinkel/F. Hecker** (S. 22 li., 82/83 Mitte, 92/93 Mitte), 2 von **M. Danegger** (S. 28 re., 37 o.), 1 von **H.-J. Fünfstück** (S. 103 o.), 5 von **H. Fürst** (S. 19 u., 27 u., 45 re., 46 o., 57 li.), 4 von **R. Groß** (S. 36 re., 45 li., 51 u., 107 re.), 1 von **A.-K. Gruber** (S. 124), 6 von **T. Grüner** (S. 19 Mitte, 25, 46 u., 56 re., 78/79 Mitte, 114 o. li.), 1 von **A. Halley** (S. 74/75 Mitte), 34 von **F. Hecker** (S. 4, 10 beide, 11 beide, 12, 18/19 o., 23 li., 27 o., 28 li., 31 u., 32/33, 34 o., 39 li., 47 u., 48 re., 51 o., 52 o., 53 re., 56 li., 70 li., 72 li., 72/73 Mitte, 80, 81, 83 o. re., 84/85 Mitte, 85 re., 86 o., 88/89 Mitte, 104/105, 106 li., 110 o., 119 o. li.), 12 von **M. Höfer** (S. 30 u., 31 o., 35 u., 41 o., 48 li., 52 u., 54 li., 55 li., 59 u., 61 u., 62 re., 93 o.), 1 von **jazzlight/Adobestock** (S. 118), 3 von **A. Klees** (S. 41 u., 47 o., 58 re.), 21 von **F. Leo/fokus-natur.de** (S. 2/3, 7 beide, 14 o., 16/17, 20/21, 30 o., 37 u., 42 beide, 44 li., 59 o., 59 Mitte, 65 li., 67, 68/69, 70 re., 73 re., 78 li., 102/103 Mitte, 106/107 Mitte), 3 von **G. Moosrainer** (S. 60 re., 62 li., 79 re.), 1 von **L. Mraz/naturfoto.cz** (S. 22 re.), 1 von **D. Nill** (S. 64 li.), 1 von **3238642/Pixabay** (S. 38 u.), 25 von **T. Pröhl/fokus-natur.de** (S. 6, 14 u., 15, 36 li., 49 o., 50 li., 53 li., 54 re., 58 li., 61 o., 71, 83 o. li., 84 li., 86/87 Mitte, 89 o., 90, 91, 92 li., 96 li., 96/97, 98, 99, 110/111 Mitte, 114 o. re., 121), 15 von **M. Schäf** (S. 34 u., 35 o., 40, 76 li., 76/77 Mitte, 94, 100 li., 109, 112 o., 112/113 Mitte, 115, 116 o., 116/117 Mitte, 117 o., 119 o. re.), 1 von **R. Schmidt** (S. 57 re.), 1 von **Adventuring Dave/Shutterstock** (S. 100/101 Mitte), 2 von **G. Synatzschke** (S. 55 re., 74 li.), 1 von **W. Willner** (S. 26) und 4 von **P. Zeininger** (S. 23 re., 38 o., 75 re., 105 u.).

Die 68 Hauptfotos der Arten sind außerdem auf der vorderen und hinteren Umschlagklappe innen noch einmal abgedruckt. 10 Fotos davon sind zusätzlich auf Seite 13 zu sehen.

Unser gesamtes Programm finden Sie unter **kosmos.de**
Über Neuigkeiten informieren Sie regelmäßig unsere Newsletter,
einfach anmelden unter **kosmos.de/newsletter**

DER NATURFÜHRER No. 1*

* Quelle: Media Control MC Metis, Deutschland, FY 2021,
WG 420- Natur und WG 422-Naturführer, Umsatz

Pfizerstraße 5-7, 70184 Stuttgart
info@kosmos.de

ISBN 978-3-440-17861-4
Projektleitung und Lektorat: Lisa Hummel, Stefanie Tommes
Grundlayout: Walter Typografik & Grafik GmbH
Satz: Katrin Kleinschrot
Produktion: Markus Schärtlein
Druck und Bindung: Longo AG, Bozen
Printed in Italy / Imprimé en Italie

FSC www.fsc.org MIX Papier | Fördert gute Waldnutzung FSC® C023164

GARTENVÖGEL AUF EINEN BLICK

Fortsetzung von vorderer Umschlagklappe

Star → S. 70

Rotdrossel → S. 76

Singdrossel → S. 74

Wacholderdrossel → S. 78

Buntspecht → S. 80

Grünspecht → S. 82

Saatkrähe → S. 108

Wanderfalke → S. 94

Eichelhäher → S. 104

Elster → S. 102

Dohle → S. 106